CENT-UN

COIFFEURS DE TOUS LES PAYS,

PUBLIANT 1,010 COIFFURES

POUR QUATRE - VINGTS FRANCS.

ON PEUT SOUSCRIRE

A CENT UNE COIFFURES DIFFÉRENTES, AVEC TEXTE,

MOYENNANT 10 FR. POUR PARIS, 11 FR. POUR LA PROVINCE ET 12 FR. POUR L'ÉTRANGER.

Cet ouvrage, traitant spécialement de l'art de coiffer, des physionomies et de la toilette des femmes, s'adresse particulièrement à messieurs les coiffeurs, mais il peut être d'une grande utilité aux couturières, fleuristes, modistes, bijoutiers, vu les CENT ET UNE parures nouvelles publiées chaque année, lesquelles, toujours arrangées selon les règles de l'harmonie, empêcheront qu'on ne retombe dans les excès de la mode.

Cet ouvrage, accueilli avec enthousiasme par les notabilités industrielles; publié par **CROISAT**, auteur de la *Méthode de coiffure*, fondateur de l'ACADÉMIE DE COIFFURE et ex-éditeur du Journal des Modes le BON TON,

PARAIT DOUZE FOIS PAR AN, PAR LIVRAISONS DE 8 ET 9 FIGURES.

Tout souscripteur a le droit de faire paraître des coiffures chaque année, durant le cours de la publication de l'ouvrage, et d'y faire insérer des articles relatifs à la toilette, à l'art de coiffer, aux différents caractères de physionomie ou à l'histoire de la chevelure.

On souscrit à l'administration, rue de l'Odéon, n° 31 *bis*, au bureau d'abonnement, rotonde Colbert, n. 10, près la rue Vivienne, chez tous les marchands de cheveux et marchands parfumeurs en gros, de Paris, et chez tous les directeurs de poste de tous les pays.

M

Ayant quitté le BON TON pour publier un ouvrage qui restait à faire pour mettre au grand jour tous les talents et achever de donner à la coiffure tout le développement qu'elle tend à avoir, je prends la liberté de vous envoyer le prospectus, ainsi que celui d'un nouveau Journal que je vais publier à partir du 1er novembre.

J'ai l'honneur d'être avec considération,

Votre tout devoué serviteur,

CROISAT.

Nota. Pour être admis à présenter un modèle ou un article sur la toilette, il faut avoir souscrit au moins à douze livraisons, et versé à la caisse la somme de cinq francs pour frais de dessin, gravure, coloris, etc.

LE

JOURNAL

CONTENANT DES ARTICLES

SUR LE COSTUME, LA MUSIQUE ET LA LITTÉRATURE,

FONDÉ ET DIRIGÉ PAR **CROISAT**, EX-ÉDITEUR DU BON TON,
PROFESSEUR DE COIFFURE.

PROSPECTUS.

Ce Journal, contenant 8 pages d'impression, paraît deux fois par mois, avec 2 gravures, lesquelles sont distribuées de manière à fournir chaque année aux souscripteurs 36 costumes complets et des plus élégants, 100 coiffures variées, des articles de lingerie et de nouveautés, 4 patrons de robes et 4 de chapeaux des meilleures maisons, plusieurs dessins de broderies et 8 romances nouvelles avec accompagnement de piano.

Prix d'abonnement :	pour Paris,	un an 16 fr.,	six mois 8 fr. 50 c.
—	la Province,	17	9 »
—	l'Étranger,	18	10 »

Avec couverture, un franc en sus.

LA BELGIQUE PAYE LE MÊME PRIX QUE LA FRANCE.

LES BUREAUX DE SOUSCRIPTION SONT LES MÊMES QUE CEUX DES CENT-UN.

Nota. Tout envoi de lettres, paquets, argent, qui ne serait pas affranchi, serait refusé à l'administration.

L'ouvrage des Cent-Un traite, outre l'art de coiffer, de la confection des ouvrages dits postiches, de la fabrication des raies de chairs, et des moyens employés dans la préparation des cheveux, depuis le paquet brut jusqu'à la mèche la mieux frisée.

IMPRIMERIE ET FONDERIE DE FAIN,
rue Racine, 4, place de l'Odéon.

LES CENT-UN COIFFEURS DE TOUS LES PAYS,

Ouvrage

Fondé par Croisat, *Professeur,*

AUTEUR DE LA MÉTHODE,
FONDATEUR DE L'ACADÉMIE DE COIFFURE,
BREVETÉ DU GOUVERNEMENT,

Et de S. A. R.

ANNA DE JESUS MARIA,
INFANTE DE PORTUGAL.

PREMIÈRE ANNÉE.

On souscrit à Paris,

CHEZ L'ÉDITEUR, RUE CROIX-DES-PETITS-CHAMPS, 2,

ET CHEZ LES LIBRAIRES DE TOUS LES PAYS.

1837.

LES
CENT-UN COIFFEURS
DE TOUS LES PAYS.

PREMIÈRE ANNÉE.

LES
CENT-UN
COIFFEURS
DE TOUS LES PAYS,

Ouvrage

Publié par Croisat, *Professeur,*

AUTEUR DE LA MÉTHODE,

FONDATEUR DE L'ACADÉMIE DE COIFFURE,

BREVETÉ DU GOUVERNEMENT,

ET

Editeur du Journal des Modes

LE CAPRICE.

120 Liv. -- Prix : 80 fr.

On souscrit à Paris,

CHEZ L'ÉDITEUR, RUE DE L'ODÉON, 31 BIS,

ET AU BUREAU D'ABONNEMENT,

ROTONDE COLBERT, 10.

1836.

LES CENT-UN

COIFFEURS

DE TOUS LES PAYS.

AVIS.

L'état de Coiffeur est enfin sorti de cette espèce d'apathie où l'avait tenu, pendant des siècles, l'esprit de routine qui dominait autrefois cette profession. Depuis quelques années, des ouvrages traitant de cet art ont été publiés; il a été posé des bases; des maîtres, devenus professeurs, ont ouvert des classes, fait des cours, et, aujourd'hui peu s'en faut que le coiffeur ne prenne rang parmi les artistes. Chacun sentant que la coiffure est plus qu'un travail manuel, il cherche, il étudie; le dessin et la lecture des ouvrages traitant du costume remplissent ses loisirs; l'esprit se cultive, le goût s'épure, les moyens se développent; aussi n'est-il pas un coiffeur qui ne cherche à s'affranchir des limites étroites imposées par la mode, pour n'arranger chaque personne que selon ses traits, son âge et sa stature.

Suivre une méthode, voilà l'avis général; approprier à chacun la coiffure qui peut lui être favorable, voilà le raisonnement qui dirige les efforts de tous les coiffeurs: de toutes parts on parle d'harmoniser la coiffure avec le costume et d'assortir les couleurs au teint.

Cette disposition, qu'on remarque dans une grande partie de praticiens, est fort heureuse, car c'est la preuve d'un progrès.

Compris de très-peu de mes confrères lorsque je publiai la Méthode de coiffure, ouvrage qui est indispensable aux élèves, je craignais que nous ne fussions longtemps à arriver à la perfection de notre état; mais aujourd'hui que, beaucoup de ces messieurs m'honorent de leurs suffrages, que l'Académie fait des prosélytes, que de tous côtés on fait assaut de talent pour créer des modes nouvelles, je ne balance plus pour mettre à jour un traité qui, tout en indiquant les règles à suivre pour ne jamais s'écarter du beau, devra développer les moyens naturels de chacun.

Une chose m'encourage dans mon entreprise, c'est l'espèce de concurrence qu'on cherche à établir. On voudrait m'imiter · l'ambition s'est éveillée: mon idée ayant paru bonne, M. Mariton a voulu s'en emparer. Mais il y a cette différence entre nous deux, qu'au lieu d'une œuvre sérieuse et utile à la corporation, d'une œuvre dont les pages se lient par le sens, l'intérêt, la classification, lesquelles formeront un traité complet de l'art du coiffeur, ce qu'il va faire n'est autre chose qu'une opération purement commerciale; ce qu'il va publier n'est uniquement qu'une collection de gravures, une fraction du journal *le Bon Ton*, feuille que j'a quittée pour me livrer à la publication d'un ouvrage spécial qui sera favorable au corps d'état, autant par l'émulation qu'il excitera, vu le concours de *Cent-Un* coiffeurs qui aura lieu chaque année pour l'insertion de cent-un modèles, que par les principes qu'il renfermera. On pourra, comme il sera facile de s'en convaincre, appliquer ces principes à toutes les modes, et trouver des renseignemens exacts sur les moyens employés dans la confection de toutes sortes de postiches, la fabrication des raies de chair, et la préparation des cheveux.

AVANT-PROPOS.

Dans un coiffeur il y a deux hommes, l'ouvrier et l'artiste. L'ouvrier, parce qu'il est obligé, comme dans toutes les professions, de tailler, d'assembler et de construire ; l'artiste, parce que le goût et la méthode doivent présider à l'exécution de ses travaux.

S'agit-il d'établir une coiffure artificielle? après en avoir combiné la forme et la grandeur, il prend des cheveux bruts, souvent durs et laids, il les prépare, et, façonnés par sa main, il en sort des mèches lisses et brillantes, des tire-bouchons, des frisures fortement serrées, ou bien de larges boucles semblables aux anneaux onduleux, parure de l'enfance, et qu'on croyait impossible d'imiter. Cela fait, il les tresse, il les monte, et, passant de la préparation des cheveux au travail de l'aiguille, il lui faut toujours la même adresse, afin que son travail soit solide et délicat ; en un mot, le coiffeur, bon ouvrier, déploie dans l'exécution matérielle du travail de la table, une dextérité vraiment peu commune. S'agit-il d'arranger la chevelure d'une femme? le genre de travail diffère, et certes il ne lui faut pas des doigts moins agiles ; car bien tordre ou nouer des cheveux longs pour en former, ensuite, des masses lisses, des torsades ou des tresses, dont les dessins varient à l'infini, faire, indistinctement, les boucles, les tire-bouchons, ou bien le tapé, les bandeaux plats ou bombés, varier la coiffure selon le caprice de la mode, qui change tous les jours, cela est très-difficile (je ne parle du coiffeur que comme ouvrier).

La promptitude et la légèreté dans la main rendent cher le coiffeur à un sexe gracieux et délicat. Mais tout homme qui, par des mouvemens brusques ou une lenteur extraordinaire, fatiguerait une femme en la coiffant, au point de lui agacer les nerfs, celui-là serait un mauvais ouvrier ; et d'après l'avis de certaines petites dames, qui disent avoir été martyrisées, c'est un être affreux ! abominable ! ! !

DESCRIPTION DE LA COIFFURE N° 8.

Cette coiffure, analogue aux manches plates et au mantelet, exécutée dans le type adopté par l'Académie, rappelle celle qu'on portait sous Louis XV, tant par le tapé qui s'élève sur le devant de la tête, que par la coque qui tombe sur le cou, à la manière des chignons à la dévote, d'autrefois, et que Lefebure décrit dans son Traité sur la coiffure. Pour l'exécuter il faut séparer les cheveux à trois pouces de haut et à partir d'une oreille à l'autre, les tailler un peu courts, les éfiler à partir de quinze lignes des racines et les friser fortement, soit à la papillotte, soit au compas. Cela fait, on noue les cheveux sur l'occiput, on les rabat près du lien, et après les avoir crépés on les jette en arrière pour en former une coque. Les pointes des cheveux servent à former le chignon.

Pour la corde à puits, on se sert de faux cheveux, à moins qu'une femme n'en ait une belle quantité. La corde étant faite, on la passe, en partant de droite, sur la première coque, en serrant un peu ; on forme un second tour en suivant le même sens, et ensuite on assujétit l'oréole avec des chatons à la *Bourguignon*, comme ceux qui figurent sur la gravure, ou bien avec des épingles doubles de trois à quatre pouces de longueur.

Le tapé est garni d'un petit coussin, crinoline, fixé à l'aide de trois crochets, et après lequel tiennent les diamans et les fleurs. Un tapé peut être fait avec de faux cheveux ; mais pour cela il faut se réserver une bordure naturelle, afin d'adoucir la dureté du postiche.

Cette composition s'adresse de préférence, vu son élévation et le dégagement de joues, aux femmes au teint frais, au visage arrondi, et dont les cheveux sont bien plantés.

101

Coiffeurs de tous les Pays.

Sommaire.

Michel, Membre de l'Académie, rue de l'Odéon.	5 Lemoine de Caen, Membre de l'Académie.
Ypolite, agrégé à l'Académie.	6 Perrin, agrégé à l'Académie.
outhon, rue de la Harpe, 35.	7 Seguin d'Avignon, Membre de l'Académie.
Ray, agrégé à l'Académie.	8 Croizat, Fondateur de l'Académie.

SUITE DES DESCRIPTIONS.

Le nº 2, composé de deux coques, dont l'une imite un coquillage, convient à un visage rond. On remarquera facilement qu'ici l'œuf de la tête se trouve à découvert, et que le point culminant est sur la ligne du nez, ce qui alonge la tête, attendu que, vue de face, l'œil parcourt toute l'étendue comprise à partir du menton à l'extrémité de la coque. Les racines relevées à la chinoise vont parfaitement avec le chou élevé, surtout lorsque le front respire la pureté de la jeunesse.

Le nº 6, ayant aussi les cheveux relevés par devant à la chinoise, est une coiffure jeune, et peut s'adapter à une tête un peu plus longue (c'est-à-dire *ovale*), qui est la coupe la plus élégante. Je dis qu'elle peut s'adapter à une figure plus longue, parce que l'édifice est moins élevé, que le front se trouve traversé par deux rangs de perles, que les fleurs sont posées sur une ligne parallèle, et que les frisures tombent plus bas sur les joues. Le chou est composé de cinq coques, dont deux lisses et deux en nattes (l'une d'elles se trouve cachée); il est serré au pied, ce qui dégage la tête et lui donne de la légèreté.

Le nº 5 a le même caractère que cette dernière; mais je ne le recommande qu'aux personnes qui ont le front haut, vu les bandeaux à l'anglaise qui le couvrent en partie. Les nœuds ponceaux qui ornent ses touffes iraient bien à une brune à l'œil vif et aux traits piquans; mais ils absorberaient une figure pâle et sans vigueur.

Le nº 3 est une coiffure de mariée, qui sied à toute jeune femme dont la tête, le cou et les épaules sont bien conformées. Les touffes à la Sévigné, où se mêlent des branches de fleurs d'oranger, accompagnent agréablement des joues un peu longues, et l'écharpe posée à l'Iphigénie s'harmonise fort bien avec le bandeau de perles et le chou reculé.

Les nºs 1, 4 et 7, tant par leur aspect que par les objets qui les composent, sont des coiffures moins jeunes. Le nº 1 (genre sévère) rappelle la parure de Diane de Poitiers. Son caractère majestueux indique qu'elle doit convenir à une femme aux traits prononcés, et ayant surtout une expression grave. Dans une exécution semblable, on consulte la longueur de la tête pour savoir à quel point fixer son rouleau. Comme peu de dames possèdent la quantité de cheveux que demande cette coiffure, je conseille de former primitivement le rouleau avec du crin, et de le couvrir ensuite avec les mèches naturelles.

Les plumes appellent ordinairement la coiffure haute et des bijoux, soit en diamans, soit en or. Dans le nº 4, M. Ray (de Gaillard) a senti cette exigence; aussi a-t-il établi sa coiffure sur le sommet de la tête : ici le diadème couronne avec grâce une figure aimable et qui ne manque pas d'une certaine noblesse.

Le turban, nº 8, est une coiffure un peu forte; mais elle se trouve en rapport avec les bouffantes qu'on remarque dans le modèle. Son élévation exige que la femme ait les épaules fortes, le visage plein, et, bien que l'effilé lui donne de la grâce, il serait presque impossible d'ajuster cet ornement, si le cou n'avait pas la longueur voulue.

CONFORMATION DE LA TÊTE.

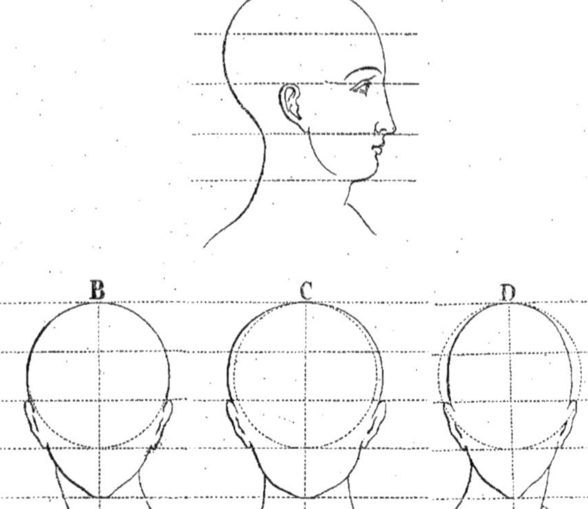

L'échelle des proportions nous apprend que le corps a huit têtes dans sa hauteur chez les hommes et sept et demi chez les femmes (*); qu'à la partie la plus mince du torse (la taille), il y a une tête, et que d'une épaule à l'autre il y en a deux (beau idéal). Tout coiffeur, qui veut s'élever à la hauteur de son état, doit posséder ces connaissances. Mais, comme dans les descriptions ci-dessus, il ne s'agit que de la coiffure par rapport à la coupe de tête, je me renfermerai dans les détails qui se rattachent à cette partie du corps humain.

La tête se divise en quatre parties égales, une pour le crâne, une pour le front, une pour le nez, et une pour la bouche et le menton; vue de profil (voyez fig. A), elle présente en largeur les sept huitièmes de sa hauteur; vue de face (voyez fig. B), elle est d'un quart plus longue que large : c'est ce qu'on nomme un *ovale* (**).

Lorsqu'une tête n'a pas les trois parties ou trois quarts dans sa largeur, elle est longue (voyez fig. D.); mais si elle a en travers plus de trois parties (comme la fig. C, qui dépasse le cercle de quelques points), elle est large. Ainsi, pour qu'une tête soit bien faite, il faut qu'elle ait les proportions de l'*ovale*, qui sont, comme je l'ai dit, un quart de plus en longueur qu'en largeur.

Ces détails sont de la plus haute importance, et j'engage beaucoup ceux de mes confrères qui ne les auraient étudiés que légèrement à les repasser; je conseille surtout aux élèves de bien les approfondir, car ce n'est que lorsqu'on est fort sur ces principes qu'on peut savoir, au premier coup d'œil, si une tête a besoin qu'on l'alonge, ou qu'on la raccourcisse, par la disposition des masses, ainsi que la pose des ornemens, ou bien si l'on doit arranger la coiffure pour que sa forme reste dans son état naturel.

(*) On remarque qu'en France la stature ordinaire des femmes est de sept têtes.
(**) Un ovale, décrit au compas, a juste ces proportions.

Imprimerie de FÉLIX MALTESTE et Cie, rue Traînée n. 15 et 17, près Saint-Eustache.

DU COIFFEUR

SOUS LE RAPPORT ARTISTIQUE.

La coiffure, cette partie importante de la toilette, exige dans ses adeptes toutes les qualités qui constituent un artiste, savoir : du goût, une imagination bouillante et un génie créateur. La connaissance de la coiffure et du costume de chaque peuple, depuis les temps anciens, est nécessaire au coiffeur qui veut pouvoir harmoniser ses compositions avec les toilettes, vu qu'elles changent de caractère selon le temps, le lieu, les événemens et le caprice de la mode.

Cependant des personnes, occupant un certain rang dans la coiffure, prétendent que tourner ses regards en arrière, pour connaître ce qui s'est fait, c'est perdre son temps : c'est une erreur. De même que le praticien ordinaire trouve utile et commode que d'autres, plus habiles ou plus hardis, lui mettent sous les yeux des modèles de leurs coiffures; l'artiste, l'homme de goût, celui qui crée est heureux que le temps ait respecté quelques parures anciennes qu'il puisse consulter, car ce n'est bien souvent qu'en revenant sur les choses passées qu'il parvient à faire ce qu'on appelle du nouveau, et qui n'est au fond que du réchauffé, que le goût, qui a présidé à son arrangement, rend agréable, comme la coiffure chinoise avec des touffes à la Sévigné, le bandeau de la Ferronnière avec la tresse flottante de *Marguerite de Bourbon*, le chignon de l'ancien régime avec le diadème et les bandeaux grecs. Je pourrais citer cent modes ainsi composées, qui ont paru depuis que la révolution de 1789, mettant la poudre de côté, nous ouvrit le vaste champ des coiffures anciennes.

Ce champ, défriché d'abord par les Bigles, par les *Duplan*, les *Armand* et Victor le Nègre, a été cultivé par les Duplessi, les Solaire, les Michalon, les Plaisir (*).

Mais ne nous écartons pas de la question; plus tard, je m'étendrai davantage sur les progrès de la coiffure en France : pour le moment je me renfermerai seulement dans ce qui constitue le coiffeur-artiste.

Il faut du goût dans un coiffeur, il faut que l'on trouve dans son œuvre de la grâce, de l'élégance et de la symétrie. Saisissant le caractère de physionomie et l'ensemble d'une personne, il sait lui approprier une parure qui ajoute à ses charmes et en fait disparaître les défauts.

Le coiffeur, étant appelé chaque jour chez des personnages de tous les rangs et de tous les pays, ce n'est qu'à l'aide d'une imagination ardente et d'une grande facilité qu'il peut surmonter les difficultés que lui offrent la divergence dans les habitudes, les différentes espèces de cheveux et la multitude d'ornemens qu'on lui met entre les mains. Il est une difficulté plus grande encore, c'est de coiffer pour la perspective (*coiffure de spectacle et de présentation*), de savoir calculer les effets d'une parure vue de loin, placée à la hauteur de l'œil, sur un plan plus élevé ou plus bas, dans une loge ou sur la scène; ce qui forme un optique et demande une étude semblable à celle qu'on applique aux statues, chose pour laquelle on est obligé de consulter la place que doivent occuper les personnages, afin de toujours poser ses masses sous le point de vue le plus favorable. Les coiffeurs de l'antiquité avaient atteint sur ce point le plus haut degré de perfection. Il faut aussi beaucoup de tact pour trouver ce qui convient à une femme qui se fait peindre; pour un portrait, il ne s'agit pas seulement d'une coiffure à la mode, car c'est souvent celle-là qui convient le moins, mais bien de quelque chose de pur, de simple, qui couronne agréablement la stature, ou balance avec grâce une attitude composée, et qui, dans tous les cas, n'altère en rien l'expression de la physionomie.

Le génie de l'invention est le partage du coiffeur qui se distingue par la variété de ses productions. Comment en serait-il autrement? Ne faut-il pas qu'il brode sur chaque mode, aussitôt qu'elle naît, s'il veut satisfaire un sexe inconstant par essence? Ne faut-il pas même qu'il invente une nouvelle coiffure pour chaque dame en particulier, lorsqu'elle demande à ne ressembler à personne! quoique cependant elle tienne

(*) Je ne citerai pas les collaborateurs existans du journal Lamésangère, qui ont si puissamment contribué au développement de la coiffure.

à paraître coiffée au goût du jour. Quelle difficulté! quand on pense qu'il faut, pendant toute la durée d'une mode, varier sur le même thème, sans s'écarter de l'ensemble qui convient à chacune; cependant si la variété des objets, composant les coiffures, venait toujours augmenter les ressources, cela ne serait rien, car alors la mine serait inépuisable; mais non, souvent les dames qui aiment le plus à changer sont celles qui font le moins de frais de toilette : la simplicité est de bon goût; jamais la coiffure ne fut aussi simple qu'elle l'est aujourd'hui; de toutes parts les femmes veulent être parées sans affectation, ce dont je les félicite. La simplicité de l'antique caractérise le costume d'à-présent; c'est bien le cas de dire, avec Lefebvre (qui écrivait à une époque où l'on prodiguait les ornemens), que le coiffeur devrait être l'artiste le plus estimé.

Le discours suivant, prononcé par cet habile professeur, dans un temps où la mode avait un caractère fixe, peut donner une idée de l'importance que nos prédécesseurs attachaient à cette partie de notre état. Qu'auraient-ils dit, si, comme aujourd'hui, la mode eût varié chaque semaine, et si les coiffeurs des principales villes du monde étaient venus par milliers, une et deux fois chaque année, leur demander, en leçons particulières, non-seulement des coiffures différentes de celles qu'on leur a montrées la saison précédente, mais encore qu'on leur communique des idées fraîches et des genres tout-à-fait nouveaux?

EXTRAIT DU DISCOURS

PRONONCÉ EN 1778

AUX ÉLÈVES ET AMATEURS DE L'ART DE LA COIFFURE,

PAR LEFEBVRE.

D'abord la coiffure est un art; il ne faut pas beaucoup de réflexions pour s'en convaincre : modifier, par des formes agréables, de longs filamens dont la nature semble avoir voulu faire un voile plutôt qu'une parure; assurer à ces formes une consistance dont la matière que l'on y assujettit ne paraît pas susceptible; donner à l'abondance une disposition régulière qui fasse disparaître la confusion, et suppléer à la disette par une richesse qui trompe l'œil le plus clairvoyant; combiner les accessoires avec le fond, qu'ils doivent adoucir ou relever; soutenir une figure délicate par des tresses légères, en accompagner une majestueuse par des touffes ondoyantes; sauver la rudesse des traits ou des yeux par un contraste, et quelquefois par un accord réfléchi; opérer tous ces prodiges, sans autre ressource qu'un peigne et quelque poudre diversement colorée : c'est là sans doute ce qui caractérise essentiellement un art, et ce n'est qu'une partie de ce que fait tous les jours le coiffeur.

De tous les arts, celui de la coiffure devrait être un des plus estimés; ceux de la peinture et de la sculpture, ces arts qui font vivre les hommes des siècles après leur mort, ne peuvent lui disputer le titre de confrère; ils ne peuvent disconvenir du besoin qu'ils en ont pour finir leurs ouvrages : souvent il leur faut des modèles pour diriger leur imagination et leurs mains : soit qu'ils l'emploient d'eux-mêmes, ou qu'ils le copient d'après l'art du coiffeur, il est un fait qu'ils ne peuvent se passer de cet art; ainsi ils vont donc de pair ensemble. Quant à la date de leur ancienneté, je crois qu'ils ne peuvent rien se disputer; et l'art de la coiffure a l'avantage sur les deux autres, en ce qu'il travaille à orner la nature sur la nature même; c'est la beauté vivante qu'il embellit; c'est un sexe, à qui tout cède, qui implore ses secours. La nature a-t-elle prodigué ses dons? il en augmente l'éclat; a-t-on à se louer de ses faveurs? il y supplée, au lieu que les deux autres ne la font que copier. Le pinceau ne se promène que sur la toile; le sculpteur s'use sur le marbre même qu'il dompte : copistes toujours froids des charmes dont ils ne présentent jamais que l'image, leurs travaux portent nécessairement l'empreinte de la dépendance à laquelle eux-mêmes sont assujettis; et l'ombre morte, qu'ils vendent si cher au luxe, n'est qu'une esquisse imparfaite de l'original qu'elle lui apprend à regretter.

L'art de la coiffure est sans contredit le plus brillant de tous, puisqu'il met tous les jours l'artiste à portée d'approcher tout ce qu'il y a de plus grand, de plus beau

101
Coiffeurs de tous les pays.
1
2
3
4
5
6
7
8
9
B.R
Sommaire.
1 Rougier jeune, de Nevers
2 Puget, membre de l'Académie, rue des francs bourgeois (au Marais).
3 Emery, rue S.t Antoine. 25
4 Lefebvre, rue des prouvaires
5 Delaporte, rue de Rivoli
6 Romand, rue du Dragon
7 Croisat, professeur de Coiffure
8 Ghys, membre de l'Académie
9 Olivier, idem idem

et de plus précieux au monde. En outre il faut qu'à l'aspect d'une physionomie il devine tout d'un coup le genre d'accessoire qui lui conviendra ; il faut qu'en se soumettant à la mode générale, il la maîtrise cependant par des modifications particulières ; il faut qu'une femme, en paraissant coiffée comme toutes les autres, le soit cependant encore plus à l'air de son visage ; par conséquent il n'y a pas de toilette où l'artiste, qui opère dans ce temple flatteur, ne renouvelle, à chaque instant du jour, le plus difficile des prodiges de la nature, celui d'être toujours uniforme, et cependant toujours varié dans ses productions.

Celui qui se destine dans cette classe doit donc travailler à se rendre digne de jouir d'un si bel art, et faire en sorte de se mettre au nombre de ces hommes illustres qui ont excellé dans leur art au suprême degré ; il est vrai que les mains industrieuses à qui la toile et le marbre doivent leur métamorphose ont quelque supériorité sur le coiffeur ; leurs ouvrages ont une solidité qui les immortalise ; la génération suivante s'enrichit des travaux de celle qui les a précédés : à la vérité le coiffeur n'a pas ce bonheur ; les fruits de son art durent encore moins que ceux du printemps : pareils aux bouquets dont ils ont l'éclat, ils s'évanouissent avec la journée qui les a vus naître, et trouvent leur tombeau dans le sommeil où les charmes qu'ils ont fait briller vont puiser une fraîcheur nouvelle. C'est un désavantage sans doute, mais c'est ce qui doit rendre le coiffeur plus précieux : s'il ne peut prétendre à l'immortalité, il faut donc attacher à cet art une considération qui l'en dédommage ; c'est à la génération qui jouit de ces travaux à l'indemniser des efforts journaliers qu'il réitère sans cesse pour la servir, et le coiffeur doit y répondre par une conduite irréprochable, et un talent supérieur pour y parvenir.

DESCRIPTION DES COIFFURES.

N° 1. *Coiffure mixte.* — Cette coiffure est ainsi nommée, parce qu'elle tient du genre sévère par les bandeaux qui se croisent sur les tempes, et par la couronne de fleurs qui encadre le visage ; du genre gracieux, par le croisé de cordes qui ornent le derrière de la tête.

On forme les bandeaux en n'employant d'abord que les cheveux des tempes pour garnir les joues, et ceux partant de la séparation pour former la masse de dessus.

Les deux masses réunies derrière l'oreille, nattées un peu serré, servent à retenir la couronne, à l'aide d'une épingle noire.

N° 2. *Genre gracieux.* — Cette coiffure demi-chinoise convient à une jeune personne aux traits chiffonnés et au visage rond.

Les numéros 3, 4 et 7 sont des coiffures du genre mixte ; mais le n° 7, par rapport à la pose des rubans, est la nuance qui se rapproche le plus du gracieux.

Les numéros 5, 6 et 8 appartiennent au genre sévère, et ils nous offrent plusieurs nuances de ce caractère, savoir : le n° 5, par la variété des masses et la pose légère de l'oiseau, ne paraît y tenir que par son aspect majestueux ; le n° 6, dont le diadème ceint le front, et où l'on voit la plume surmonter des bouquets de pierreries et des masses de cheveux, exprime la noblesse et la fierté.

Le n° 8 est la nuance la plus pure du genre sévère : on y remarque la symétrie aussi bien dans l'arrangement des cheveux que dans la pose des fleurs. Il rappelle l'antique, car sa couronne est semblable à celle de Cérès ; un peu moins de frisure rendrait cette composition un peu plus légère, et alors elle serait parfaite.

N° 9. — Les fleurs qui se mêlent à la frisure et serpentent autour des masses de cheveux, le chignon et la torsade qui tombent sur un cou dont l'écharpe légère laisse apercevoir la blancheur, lui donnent une grâce inexprimable.

Cette coiffure légère convient à une jeune personne qui a le cou allongé.

Si on veut exécuter la coiffure n° 7, qui ne prend pas d'épingle, il faudra établir une pelote de crin près du cordon, la couvrir d'une mèche de cheveux lisses, et la couronner ensuite d'une corde à puits, qui, partant de gauche, s'élève sur la droite de la pelote, et vient tourner au pied du chou.

La pelote est montée sur une épingle double qu'on plante dans le lien. La corde à puits contient une coulisse de fil qui passe dans le centre et sert à l'assujettir. Le nœud qui part du sommet de la coiffure, et flotte à la manière castillane, est monté sur une épingle noire qu'on plante dans le coussin.

PRÉPARATION DES CHEVEUX

PAR MORY,

Membre honoraire de l'Académie de Coiffure.

PREMIER ARTICLE.

Les cheveux subissent trois préparations au sortir des sacs de peau ou des vessies où on les renferme pour bien les conserver,

Savoir : le détirage, la frisure et le dégagement.

DÉTIRAGE.

Pour procéder à la première partie avec ordre, il faut séparer les couleurs, extraire de chaque paquet les mèches nuancées, passer les coupes dans la corde, les *détêter* (ôter les tout petits cheveux), et, s'ils sont gras, les dégraisser à la farine ou au sablon (*); ensuite les encarder carrément en tête, afin qu'en les détirant par les pointes, on puisse diviser les longueurs.

Pour bien détirer, il faut avoir un bon couteau à courte lame, prendre les cheveux par la pointe, les réunir carrément dans sa main gauche, pour en former des petits paquets, au fur et à mesure que l'encardage s'épuise. Lorsque les cheveux, arrivé à un pouce de la carde, n'ont plus qu'environ trente lignes, on cesse de détirer, pour former des paquets effilés avec les fonds de cardes (cheveux à perruques). Les cheveux étant divisés de longueur, on prend les plus longs pour faire des tresses, les moyens pour en faire des tours indéfrisables et des bandeaux ; ceux qui n'ont que dix et douze pouces, pour des anglaises ; ceux ayant sept ou huit pouces, pour des touffes courtes et légères ; les plus courts, pour les perruques d'hommes et toupets (**).

FRISURE.

Pour friser des cheveux, il faut d'abord les tremper et les tordre jusqu'à ce qu'ils n'égouttent plus ; ensuite les prendre par petites mèches, qu'on enveloppe d'une peau par la tête, et qu'on introduit dans un étau. Les cheveux étant ainsi tenus, on peigne la mèche, sur laquelle on place une papillote de papier collé, afin de presser les cheveux contre le moule qu'on pose dessus avec la main droite, en ayant soin de bien prendre les pointes. Le premier tour étant donné, on tend fortement les cheveux sur le moule, et on les étale plus ou moins selon leur longueur. Arrivé près de l'étau, on desserre la mécanique, on ôte le morceau de peau, on place sous la tête un morceau de papier plus grand que le premier, et on enveloppe le moule en entier, puis on l'entoure d'une ficelle. Lorsque les cheveux sont frisés, on forme des chapelets avec les moules, et l'on sépare les couleurs et les longueurs. On met les cheveux à sécher dans un étuve ou bien dans un four.

DÉGAGEMENT.

Avant de retirer les cheveux de dessus les moules, on a soin de séparer les couleurs et les longueurs, puis on déroule les mèches pour en former des paquets, ainsi qu'il suit :

On met huit ou dix mèches de cheveux dans la carde, carrément en pointe ; on les peigne en tous sens, et on les mêle bien, en faisant tourner le paquet, où l'on introduit les doigts pour que les mèches se mêlent. Dans cette opération, on doit faire en sorte que le paquet reste toujours carré par la pointe. Après avoir lié le paquet avec du fil bis, on le met dans une carde à détirer, on le recouvre d'une seconde carde, et on le détire carrément par la tête. Dans ce dernier détirage, on peut encore diviser les longueurs, attendu que les mèches réunies pour former le paquet de dégagement n'ont pas tout-à-fait la même longueur.

Après avoir formé des paquets d'environ quatre gros chacun, on les prend un à un. On pose le lien sur la carde, pour avoir plus de facilité à les peigner, à les rouler et à retenir la frisure, à l'aide d'une épingle, quand la longueur l'exige.

(*) Autrefois, avant qu'on ne connût les délentoirs, on employait le sablon ; mais aujourd'hui on préfère la farine, parce que c'est plus commode pour délenter.

(**) Pour éviter la confusion, on ne doit jamais, après le détirage, confondre les nuances et les couleurs.

INTRODUCTION DES PERRUQUES EN FRANCE.

C'est vers l'an 1629 que paraît dater l'introduction des perruques en France. On y connaissait, il est vrai, auparavant, l'usage des longues chevelures postiches ; mais ce qu'on appelle proprement perruque, et qui était alors une espèce de bonnet garni de cheveux, date de cette époque.

Il paraît qu'on avait grand soin de les tenir propres et bien peignées, puisqu'on donnait le nom de *teignasses* à celles qui ne réunissaient pas ces deux conditions.

Au commencement de la monarchie, les Français avaient les cheveux courts et coupés en rond; ils les ramenaient sur le front, et le derrière de la tête était rasé. Ils les laissaient croître au-dessus de la tête, ou ils en formaient une espèce de bourrelet qui servait à leur défense. Ils avaient tout le tour du visage rasé; mais ils laissaient croître la barbe jusqu'à une certaine hauteur. Quant aux princes de la famille royale, ils portaient de longues barbes et de longs cheveux tressés qu'ils laissaient pendre sur leurs épaules. Cette longue chevelure était leur distinction particulière ; en la leur coupant on les dégradait, et on les déclarait ou déchus du trône, ou indignes de régner. On sait en effet que Childebert et Clotaire envoyèrent à Clotilde, leur mère, une épée et des ciseaux afin de lui laisser le choix, ou de voir périr les fils de Clodomir, leur frère, ou de leur voir couper les cheveux. On attachait une telle infamie à perdre ainsi ses cheveux, que cette reine, ne consultant que son indignation, répondit qu'elle aimait mieux qu'ils perdissent la vie. Gondebaud se prétendait fils de Clotaire Ier, sans produire d'autre preuve que ses longs cheveux. Enfin, Clodomir, tué par les Bourguignons, fut reconnu prince français à sa longue chevelure.

Les rois de la seconde race, à l'exception de Charles-le-Simple, qui était entièrement rasé, avaient les cheveux courts et la barbe taillée à une certaine hauteur, et quelques-uns avec des moustaches. Ceux de la troisième race avaient la barbe taillée comme ceux de la seconde, et comme les Romains, jusqu'à Philippe-Auguste (*).

Dès le seizième siècle, on écourta encore davantage les cheveux, en donnant à la barbe une forme pointue. Cette mode, d'origine italienne, devint générale en France par suite de l'événement suivant. François Ier se trouvant à Romorentin, en Bretagne, le jour de la fête des Rois, comme il folâtrait avec quelques seigneurs de sa cour, en attaquant avec des boules de neige le logement du comte de Saint-Pol, qui le défendait avec d'autres courtisans, un tesson, lancé par un d'eux, atteignit le roi à la tête, et lui fit une blessure telle, qu'on fut obligé de lui couper les cheveux. Ce prince, qui avait le front très-beau, adopta dès lors les cheveux courts et la barbe longue, à l'instar des Italiens et des Suisses. Cet exemple ne fut d'abord suivi que par les grands seigneurs, en sorte que, pendant long-temps, une longue barbe fut, pour ainsi dire, un brevet d'homme de cour.

Le règne de Louis XIII fut aussi une des époques les plus remarquables pour la propagation des perruques en France, et pour leur perfectionnement. Lorsque ce prince monta sur le trône, les cheveux courts étaient à la mode parmi les hommes ; mais le goût de la nation dut changer avec celui du prince, qui, ayant perdu à trente ans sa belle chevelure, fut obligé de recourir aux perruques.

Cependant il serait déraisonnable de croire que l'art de fabriquer les perruques eût fait de grands progrès; il était encore à son enfance, si nous le comparons ici à ce qu'il est devenu depuis. En effet, on se contentait alors de prendre des cheveux longs et plats, et de les passer un à un, au moyen d'une aiguille, au travers d'un léger *calpin* qu'on cousait autour d'un petit bonnet noir formant une espèce de calotte

(*) Les longues chevelures ont été considérées comme un si grand objet de luxe, que le concile de Rouen, tenu en 1096, défendit aux laïques de porter les cheveux longs, sous peine d'être chassés de l'Église.

plus ou moins grande. On ne tarda pas non plus à découvrir en France la manière de tresser quelques cheveux isolés sur trois brins de soie, et de les coudre ensuite sur des rubans ou autres étoffes, qu'on assembla sur des têtes de bois pour leur donner la forme de la tête. C'est encore à un perruquier français, nommé Ervais, que nous devons l'invention du *crêpé*, ainsi que des perfectionnemens dans le travail de ce postiche.

Quels que soient les progrès qu'aient faits les perruques sous Louis XIII, il paraît cependant démontré que leur plus beau temps fut sous le règne de Louis XIV. Ce monarque dédaigna dans sa jeunesse les faux cheveux; il les adopta dans l'âge mûr; et c'est encore sous son règne que l'on porta les perruques d'une grandeur démesurée; elles se divisaient au-dessus du front, et tombaient en boucles d'abord sur les épaules; mais ensuite, les ayant encore rendues plus grandes, ces mêmes boucles descendaient jusque sur le bas-ventre et les hanches, en passant par-dessus les épaules; aussi peut-on dire avec vérité et sans exagération que les perruques devinrent alors une sorte de vêtement qui pesait plusieurs livres, et qui coûtait jusqu'à mille écus.

D'après ce que nous venons de dire de ces perruques, il est aisé de voir que leur confection exigeait beaucoup de temps; car c'était une parure très-recherchée des courtisans et des petits-maîtres, témoin ce qu'a dit Boileau de ces galans,

. . . . De qui tout le métier
Est de courir le jour, de quartier en quartier,
Et d'aller, à l'abri d'une perruque blonde,
De ses fades douceurs fatiguer tout le monde.

Ce goût universel des perruques les ayant rendues très-chères à cause du petit nombre d'ouvriers, Louis XIV créa, en 1656, quarante charges de perruquiers suivant la cour, et, en 1668, il supprima les quarante-huit priviléges accordés par Louis XIII, et créa deux cents places de barbiers-perruquiers-étuvistes pour la ville et les faubourgs de Paris.

Jusque vers le milieu du douzième siècle, les barbiers n'étaient pas seulement chargés de faire la barbe, c'étaient aussi les chirurgiens du temps. Leurs fonctions ne se bornaient donc pas à manier le rasoir; ils avaient le droit de tenir des bains et des étuves, d'où leur venait le nom d'*étuvistes;* ils saignaient, appliquaient des cautères, soignaient les plaies et faisaient toute la petite chirurgie : de là vient qu'on les nommait aussi *mires*. Et, aujourd'hui, il est encore en France plus d'un chirurgien illustre qui a manié long-temps le rasoir.

Nous avons déjà dit que ce fut sous Louis XIV que l'on porta d'énormes perruques; ce qu'il y a de singulier, c'est que non-seulement les hommes s'en étaient affublés, mais encore plusieurs dames, et jusqu'aux enfans à la mamelle. Pendant quelque temps, ces perruques furent blondes; elles furent ensuite noires, puis blanches ou poudrées. Quant à la frisure, elle éprouva aussi des variations; le toupet fut partagé de manière à laisser voir le haut de la tête; on boucla les cheveux, et on leur donna la forme de rosettes, de marrons, etc.

Sous le règne de Louis XVI, on vit encore des perruques à la financière, à bourse, les cheveux roulés sur le derrière en cylindre, souvent sur plus d'un rang. Cette coiffure était plus particulièrement celle du clergé, des médecins; celle à bourse était pour la noblesse et la bourgeoisie, et celle à queue pour le peuple. Au reste, on donna diverses formes aux perruques; la plus remarquable est celle qui consistait à les crêper entièrement, à partager la frisure perpendiculairement par derrière en deux parts égales, à la faire bouffer par toute la tête en séparant, pour ainsi dire, tous les cheveux les uns des autres; on les appelait perruques à la *Sartine*, du nom d'un lieutenant-général de police qui en avait le premier porté.

Je ne pousserai pas plus loin cet aperçu sur les perruques anciennes; mon intention n'étant que d'en tracer un exposé propre à satisfaire en partie la curiosité des lecteurs; ceux qui désireront avoir des notions plus étendues peuvent consulter les ouvrages de *Nicolaï*, l'*Histoire des modes françaises*, *Thiers*, *Adrianus Junius*, l'*Encyclopédie*, ainsi qu'une foule d'autres auteurs qui en ont parlé.

Extrait de NORMANDIN.

Coiffeurs de tous les pays.

Sommaire.

1 Rouzier jeune, de Tours
2 Pagel, membre de l'Académie, rue des francs bourgeois (au Marais).
3 Emery, rue S.t Antoine, 25
4 Lefèvre, rue des prouvaires
5 Delaporte, rue de Rivoli
6 Romand, rue du Dragon
7 Croisat, professeur de coiffure
8 Gligo, membre de l'Académie rue
9 Olivier, idem ... idem ... rue

DESCRIPTIONS DES COIFFURES.

N° 1.

Cette coiffure, composée de deux coques, d'une corde à puits, d'une couronne de fleurs, d'un peigne à plaque et de frisures, peut être exécutée ainsi qu'il suit : Nouez les cheveux sur le derrière de la tête, à la hauteur de la ligne frontale, divisez la chevelure en deux parties ; faites avec la mèche de gauche une corde à deux branches ou à trois, ce qui vaut encore mieux, parce qu'elle est plus ferme et plus jolie (*). La corde ou torsade étant faite, on retrousse la mèche qui est restée flottante, on la fixe devant le cordon à l'aide d'une épingle double, on la crêpe devant soi, puis on la rabat pour l'assujettir sous le cordon, et là, avec ce qui reste de cheveux on forme la coque-chignon en pliant la mèche soit en-dessus, soit en-dessous, selon qu'elle se présente plus ou moins favorablement. Les coques étant faites, après les avoir bien lissées, on pose la torsade, qui part de gauche à droite, et tourne autour de la coque supérieure une ou deux fois, selon la longueur des cheveux et aussi selon qu'on veut détacher le chignon de la tête ; car dans ce cas, le second tour de la torsade se fait en passant sous cette dernière masse. Le peigne, qui n'est qu'un ornement accessoire dans cette composition, se pose devant le chou, les dents passant sous le cordon. Les frisures courtes et légères, n'offrent point de ligne de séparation, et elles se mêlent aux fleurs de la couronne qui domine les boucles sur ledevant, et va fendre le chou par derrière. Quelques branches de petites fleurs faisant suite à la couronne, terminent cette belle composition.

N° 2.

Pour cette coiffure, qui se compose de torsades, d'une coque de velours et d'épis de diamans, on noue les cheveux sur l'*occiput*, à la hauteur de la ligne sourcilière, et l'on fait, avec les deux tiers du côté droit de la chevelure, une torsade dans le même principe que celle de la coiffure N° 1 ; avec l'autre tiers, on forme le petit chignon en crêpant la mèche dans toute sa longueur, en dessous, et en la roulant aussi en dessous ; cela fait, on pose la torsade en partant de droite à gauche et en formant l'auréole. Le cordon, au-dessus duquel elle s'élève d'un pouce, est soutenu par des épingles doubles. Ensuite on pose son velours par petites coques, en commençant par celles du centre du chou.

Pour faire les torsades des tempes, il faut unir les cheveux sur le front et les conduire jusque sur les tempes, où la main de la personne qu'on coiffe doit les soutenir un instant ; ensuite faites la torsade, affermissez-la sur place à l'aide d'un petit peigne à longues dents. Cela fait, on assujettit environ seize coques de velours N° 9 (bordé de perles) sur une cannetille plate, et l'on encadre le visage avec cet ornement, qui suit sur les tempes le contour des torsades.

Les anneaux de torsades, ainsi que les épis de diamans, sont fixés sur un petit coussinet ajusté sur la cannetille et sous une coque de velours (**).

ANALYSE.

N° 1.

Coiffure sévère imitée de l'antique, et convenant à un visage long.

Cette coiffure est du genre sévère, parce que, sur le devant, toutes les lignes concourent au même point de vue, et que la ligne perpendiculaire, décrite par le chou, se trouve coupée, au milieu, par la ligne horizontale que décrit la couronne, ce qui forme angle droit. Elle tient de l'antique par la couronne, qui rappelle celle de *Cérès*, et les coques qui représentent le chou de *Diane*. Elle convient à un visage

(*) Pour faire une corde à puits en trois branches il faut diviser la chevelure en trois parties ; avec les deux branches de gauche on fait la torsade ordinaire, et la troisième s'emploie tout comme un rang de perles, avec cette différence qu'ici il faut tordre la mèche avant de la placer, et qu'il faut la serrer fortement en l'enlaçant parmi les autres, afin qu'elle ne saillisse pas.

(**) Pour une personne qui danserait, on devra mettre un léger fil de fer dans les anneaux de torsades.

long, parce que, l'œuf de la tête se trouvant caché sous le cercle de fleurs, la masse paraît raccourcie.

N° 2.

Coiffure mixte, semi-gothique, convenant à une figure *ovale*.

Cette coiffure est du genre *mixte*(*), parce qu'elle tient du *sévère*, par les ornemens et les cheveux qui encadrent le devant de la tête avec régularité, et du *gracieux*, par les anneaux de torsade ainsi que les épis qui s'élèvent obliquement sur le sommet de la tête; ce qui ôte à cette composition l'uniformité qui règne dans les détails.

COUP-D'ŒIL SUR LA COIFFURE.

La coiffure est-elle un art?
Ma foi, la question, est tout-à-fait nouvelle,
Et, plaisanterie à part,
Je me casse la cervelle,
Ne sachant pas trop comment
Classer ce métier charmant.
Pour définir la coiffure
J'observe les nations,
J'aperçois dans la figure
Mille variations.
L'Anglaise est blanche et langoureuse,
L'Espagnole piquante a le teint rembruni,
La Génoise a dans l'œil une flamme amoureuse,
Chez l'aimable Française, oh! tout est réuni.
Et je vois que, selon les climats,
Les statures, le teint, l'aspect, enfin tout change,
Et que les traits sont bien moins délicats
Aux rivages du *Don* que sur les bords du *Gange*.
A Sparte, et dans la ville où régnaient les Césars,
Les formes ont du temps éprouvé les ravages:
On n'y voit plus ces traits, ni ces nobles visages
Célèbres dans l'histoire ainsi que dans les arts.
Pour réussir dans la coiffure,
Pour obtenir toujours un ensemble parfait,
On doit considérer la taille et la figure,
Ou l'on n'obtient jamais qu'un très-mauvais effet.
Eh! c'est là ce qui rend notre état difficile,
Ce qui fait qu'en ses vers *Ovide* l'a chanté
Comme un art d'agrément..... que dis-je? un art utile,
Utile, entendez-vous..... utile à la beauté.

CROISAT.

(*) Dans la Méthode de Coiffure je me suis beaucoup étendu sur la définition des caractères.

ANTI-TITUS

ou

LA CRITIQUE DE LA MODE DES CHEVEUX COUPÉS,

POUR LES FEMMES.

Les Gaulois, nos ancêtres, faisaient grand cas des cheveux, et les portaient fort longs; cet usage avait donné à tout le pays, dit Pline, le nom de *Gaule Chevelue* (Gallia omnis comata uno nomine appellata. Hist. Nat. liv. IV, c. 17). On n'en pouvait pas dire autant de la France de 1796, ce n'était plus cela; on fut chercher chez les Romains une mode en US fort commode, fort convenable pour les hommes, à la vérité; une mode qui ne peut que leur donner un air plus mâle, et qui s'accorde très-bien avec la nature et la multiplicité de leurs occupations[1]; mais qui, par cela même, défigure les femmes en les privant d'une beauté particulière et distinctive de leur sexe.

Du moment que cet ornement enchanteur n'existait plus chez la plupart des femmes, on ne voyait que des têtes tondues : quelques-unes bouclées soi-disant à la romaine[2], et un plus grand nombre à cheveux plats et courts comme les ci-devant moines, ou bien hérissées, ébouriffées, et dans un négligé dégoûtant.

Il serait cependant injuste de mettre entièrement sur le compte des Romains la déraison d'une mode qui, chez eux, n'exista que pour les hommes : jamais les femmes de l'antiquité ne se coupèrent les cheveux : elles avaient trop le sentiment du beau pour se défigurer ainsi; j'en citerai des preuves dans un article spécial.

La mode à la Titus contrarie la nature en donnant aux femmes un air mâle; et leur empressement à l'adopter il y a 35 ans, aurait pu faire croire que de beaux cheveux sont la plus grande difformité qu'une femme puisse avoir : cependant, tous les peuples anciens et modernes ont pensé différemment pendant quelques milliers d'années. L'habitude qu'on avait de voir cette coiffure pouvait seule en cacher la laideur; les yeux perdent le sentiment du beau à force de voir des choses désagréables. Mais est-il possible que les yeux s'accoutument à ne voir aucune différence dans la coiffure des deux sexes? Peut-on voir sans dégoût ces têtes d'hommes, ces têtes de Romains ou de moines sur des corps de femmes? ces têtes féminines par les traits, masculines par la coiffure! Comment les femmes ont-elles pu faire une mode de ce qui était autrefois une punition infamante? Comment une femme osa-t-elle se montrer en public la première avec ses cheveux coupés?

Une longue et belle chevelure fut de tout temps un attribut au sexe féminin : jamais peintre n'a représenté Eve, Vénus ou les Grâces avec la tête tondue. L'homme au contraire est distingué par ses cheveux courts, qui sont en général un signe de force. Tandis qu'une belle chevelure est, dans les femmes, la compagne inséparable de la délicatesse des formes, de la douceur des traits, et de cette intéressante faiblesse qui a tant de charmes pour nous; l'homme au contraire, dont les traits doivent être mâles et prononcés, est privé de cet ornement. Les Romains nommaient cette chevelure *Cœsaries;* et de là vient le nom du vainqueur de Pompée, parce qu'il avait les cheveux naturellement fort courts.

[1] *Bonaparte* l'ayant trouvée saine et facile la fit adopter par l'armée. Mais il éprouva un peu de résistance dans certains régiments; la vieille garde fit même pendant longtemps beaucoup de difficultés pour se laisser couper la queue.

[2] Michalon, qui amena l'usage de couper les cheveux carrément et avec de grands ciseaux, se distinguait dans ce genre de coiffure.

J'ai dit que la beauté des cheveux était naturelle et distinctive chez les femmes; voici ce qu'on trouve dans le *Dictionnaire Philosophique*, au mot *femme :* « En général, elle est bien moins forte que l'homme, moins grande, etc. Son sang est plus aqueux, *ses cheveux sont plus longs*, sa chair moins compacte, ses membres plus arrondis, etc. »

Les femmes, en se défigurant ainsi, croyaient paraître plus *jeunes!* Rien n'est plus faux, d'abord; et d'ailleurs, quel besoin peut avoir une *jeune* femme de se *rajeunir?* Elles devaient, d'après leur idée, laisser cette coiffure à celles qui étaient âgées; et celles-ci, en l'adoptant, auraient dû s'apercevoir qu'elles se privaient du peu d'air féminin qui leur restait.

Une tresse de cheveux est une chaîne qui nous attache à celle qui l'a donnée; mais, que faire d'un crochet de cheveux d'un pouce de long? Il est précieux sans doute pour la personne qui le reçoit, mais on ne peut lui donner aucune forme qui le rende plus cher et plus agréable encore. Enfin, loin de nous retracer les charmes de celle qui l'a donné, il n'est qu'une marque de sa folie... J'ose dire *folie*, sans croire offenser les dames, puisqu'elles nomment elles-mêmes *cache-folie* les faux cheveux qu'elles substituent quelquefois à ceux qu'elles ont sacrifiés volontairement, et dont elles font faire souvent ces mêmes *cache-folie ;* car elles voulaient bien conserver leurs cheveux, pourvu qu'ils ne tinssent pas à leur tête.

Ce triste courage qu'ont eu tant de femmes de sacrifier leurs cheveux à la mode, ne paraîtra rien en comparaison de ce qui suit : Montaigne dit que, de son temps, une Parisienne, mécontente de son teint, se fit *écorcher le visage*, espérant qu'une peau nouvelle lui serait plus avantageuse. Il ajoute :

Elles peuvent tout souffrir dans l'idée fausse ou vraie d'accroître leur beauté.

Eh! mesdames, dit M. *Rothe de Nugent*, dans sa critique sur les Titus, grâce pour vos cheveux! épargnez une beauté que l'on a admirée en vous pendant tant de siècles. Vous vous préparez des regrets amers; la mode actuelle est trop ridicule pour durer longtemps. Votre coiffure de *Brutus*, de *Titus* ou de *Caracalla*, n'a rien de féminin; et moins vous paraîtrez femmes, moins vous plairez aux hommes de goût, aux hommes bien organisés.

La nature ne veut pas que vous soyez jolies dans ce costume, et vous ne le serez pas malgré la nature, du moins autant que vous pouvez l'être en conservant tous les charmes qu'elle vous a prodigués. Vous croyez paraître plus jeunes? Erreur que cela! Vous vous défigurez, et voilà tout. D'ailleurs, je le répète, quel besoin peut avoir une jeune femme de se rajeunir? C'est aux hommes qu'il convient d'adopter une coiffure simple, commode, négligée même, et non pas à vous. La parure, le soin de plaire furent dans tous les temps la moitié de votre existence.

N'abandonnez point au hasard
Tout le soin de votre parure;
La nature seconde l'art,
Et l'art embellit la nature.
L'esprit, les champs et la beauté
Ont toujours besoin de culture.
Junon perd de sa majesté
Quand elle montre à nu ses charmes;
Minerve à l'éclat de ses armes
Doit un peu de sa dignité;
Vénus plairait moins sans ceinture;
L'Amour ajuste son bandeau,
Et les Grâces sous un réseau
Tressent leur blonde chevelure.

DESCRIPTIONS DES COIFFU RE.

Fig. 1re. —*Coiffure de* M. Simon.

Les cheveux étant noués à la hauteur de la ligne frontale, on fait avec les deux tiers

Coiffeurs de tous les Pays.

1 2 3 4 5 6 7 8

Sommaire.

...l^re. Simon, à Blois ....

...senave, rue de Chartre, 8. ....

...tor Largeau, à Niort. ....

...roisat, fondateur de l'Académie de coiffure. . . .

5 Puget, Memb. de l'Académ. rue des francs bourgeois (Marais)

6 Daragon, pass^ge des Panoramas ....

7 Turban de M^r. Romio Largeau, M^bre. de l'Acad. à Tours.

8 Pinçon, Membre de l'Académie, rue du Helder, 12. . . .

de la chevelure une natte à coulisse [1], on place un peigne *couronne* sur le devant de la chevelure, les dents passant sous le cordon; on couvre le peigne avec la mèche lisse qui est resté flottante; ensuite, on place la natte sur le haut du peigne, en prenant de droite à gauche. La natte se trouve assujettie à l'aide de la coulisse que l'on tend fortement sur la couronne du peigne, et cette même coulisse sert à rentrer, sans le secours d'aucune épingle, les pointes de cheveux de la natte, ainsi que ceux de la mèche lisse. Un cache-peigne orne le centre de cette coiffure.

La chaîne d'or qui l'embellit, part de droite, passe sur le front, et tourne deux fois autour du choux.

Cette coiffure, qui tient du grec, convient à une personne qui a le visage et le col allongés.

Fig. 2. — *Coiffure de* M. Casenave.

Dans cette coiffure, les cheveux sont aussi noués, mais un peu plus bas que dans la première: ils sont divisés en trois parties. Avec l'une (la plus forte), on fait une tresse circassienne à l'aide de laquelle on forme deux coques. La première, soutenue par une épingle double et fixée sur le cordon, est pliée de gauche à droite; la seconde, sert à ramener à gauche la pointe de la natte pour rentrer les bouts en dedans. Ensuite, on prend une des mèches lisses, qu'on élève sur tige [2], on en forme une coque qui passe par-dessus la première masse de natte, et est fixée près du cordon; avec l'autre mèche, on fait une coque de fermeture.

Sur le devant, les cheveux sont attachés de chaque côté de la tête à la hauteur des yeux. La mèche étant crêpée sur une longueur de sept pouces, on la plie sur elle-même, et on la fixe au cordon: puis on tresse les pointes de cheveux où se mêle une canetille platte.

Ce travail étant terminé des deux côtés, on réunit sur le milieu de la tête les deux pointes des nattes sur lesquelles on place le bijou.

Cette coiffure est d'un caractère noble, et dans un style tout à fait neuf.

Fig. 3. — *Coiffure de* M. Victor Largeau.

Après avoir noué les cheveux (chevelure mince), placé derrière la dame, on relève toute la masse, et on la crêpe en dessous; puis on la rabat en arrière pour en former une coque que l'on fixe sur le cordon, on crêpe les pointes qu'on replie sur elles-mêmes et la coque-chignon se trouve ainsi formée. Pour l'assujettissement de ces deux coques, on emploie un cordon ou une petite tresse de cheveux.

La tresse disposée à l'avance avec de faux cheveux, et qui part de la gauche du chou, domine la coiffure et vient diviser les deux coques en passant à la droite. Les bandeaux tombant se font ainsi qu'il suit:

Après avoir fait descendre les cheveux sur les tempes et formé ses bandeaux que l'on doit mouiller avec de l'eau de coing ou de l'eau de savon, on les faire tenir un instant afin de pouvoir tresser et fixer les pointes que l'on cache sous la natte. La couronne étant posée, on embellit le chou de quelques fleurs détachées, lesquelles ajustées chacune sur une épingle se sèment agréablement sur la coiffure.

Cette coiffure, quoique en arrière, convient à une figure ronde, par rapport aux bandeaux qui rétrécissent le visage et lui donnent une forme plus allongée.

Fig. 4. — *Coiffure de* M. Croisat.

Les cheveux étant attachés au-dessus de l'occiput, on fixe près du lien un rouleau de crin de la longueur de dix-huit pouces environ [3]; on prend le tiers de la chevelure pour en couvrir une portion du rouleau; cela fait, on forme, en pliant la mèche de droite à gauche, un anneau élevé que l'on attache sur le lien de la coiffure: puis on prend une autre mèche pour en couvrir encore une autre partie du rouleau, et après on fait, en tournant toujours dans le même sens, l'anneau qui tombe sur la nuque. Ces deux ronds de torsades unies représentent le chiffre 8, et pour terminer la coiffure on fait ressortir au travers de l'anneau établi en premier lieu le bout du rou-

[1] On fait la natte à coulisse ainsi qu'il suit: faire une tresse en cinq à la manière ordinaire et passer un lacet de soie à travers les branches sur le côté gauche de la natte, ce qui permet d'élargir la natte en la repoussant sur ledit lacet.

[2] On appelle élever sur tige, assujettir en l'air, à l'aide d'un lien, une mèche de cheveux sur une épingle double, qui s'élève verticalement et d'où partent les coques.

[3] Ce rouleau, qu'on doit couvrir de gaze, contient un léger fil de fer.

leau qu'on achève de recouvrir avec la troisième mèche; cette dernière réunit les deux anneaux et ferme la coiffure.

FIG. 5. — *Coiffure de* M. PUGET.

Nouez les cheveux, formez-en deux tresses en trois; avec la première formez l'anneau de gauche et celui du milieu, avec la seconde, formez l'anneau de droite, puis entourez le pied de la coiffure avec le bout de cette tresse, et vous obtiendrez cette coiffure qui sied divinement à une jeune personne.

La branche de fleurs qui accompagne la joue droite, ainsi que celle qui se présente dans un sens opposé sur le derrière de la tête, rendent cette coiffure gracieuse et propre à s'harmonier avec des traits chiffonnés.

FIG. 6. — *Coiffure de* M. CHAUDRU DARAGON.

Coiffure semi-turban. On peut exécuter ce turban de la manière suivante : Envelopper la tête avec l'étoffe qu'on réunit sur le côté droit, à deux pouces au-dessus de l'oreille, puis on forme un bouillon, en portant l'étoffe sur le milieu de la tête, où elle offre des plis serrés, et après on fait un rouleau qui, s'élargissant sur le côté, couvre les boucles et forme un jeté gracieux qui garnit le derrière de la coiffure.

Pour établir la masse du milieu, on prend un morceau d'étoffe d'environ trois quarts, on enveloppe, sans le serrer, un rouleau de papier Joseph, que l'on place obliquement entre les deux masses établies en premier lieu, et on la fixe, un bout à la naissance des plis du bouillon de droite, et l'autre au centre de la calotte du turban. Cette coiffure, par son ampleur, convient particulièrement aux personnes qui ont des épaules un peu fortes.

FIG. 7. — *Turban de* M. ROMÉO.

Après avoir considéré la forme de la tête, afin de savoir à quel degré du front on doit descendre la calotte, après avoir consulté le teint et s'être assuré des nuances qui doivent donner de l'éclat à la personne; après avoir mesuré d'un coup d'œil jeté dans le miroir le volume des épaules de la personne : on commence à bâtir le turban de la manière suivante. On forme d'abord ses bandeaux, puis on enveloppe l'œuf de la tête, la calotte s'inclinant sur la gauche : on tord son cachemire fortement sur le derrière de l'oreille droite, et afin qu'il ne soit pas nécessaire d'employer d'épingles, on fait poser la main de la femme sur la torsade, puis on forme la masse de fond qui tourne en obliquant sur l'oreille gauche. La personne tenant toujours le cachemire, on plisse le châle à deux mains on en forme une torsade d'environ 25 pouces, qui partant de la droite, croise sur la masse de fond par-devant, et entoure la tête par derrière; alors se présentent les palmes du châle, et pour cette masse qui termine la coiffure, on doit en formant ses plis, se ménager des dessins qui coupent agréablement le turban du côté gauche où ils servent d'ornements. Ce n'est qu'à cet endroit seulement que l'on a besoin d'employer une épingle, pour consolider le coin du châle qui flotte sur le col.

L'oiseau de paradis, placé sur le devant, couronne avec élégance cette coiffure qui rappelle celles d'*Orient*.

FIG. 8. — *Coiffure de* M. PINÇON.

Pour exécuter cette coiffure, il faut que la dame ait des cheveux en assez grande quantité, et y ajouter en outre, une fausse natte de trois quarts de longueur. On noue primitivement les cheveux, puis on fait une natte circassienne, que l'on élève en forme d'auréole au-dessus du cordon : cela fait, on rapporte près du lien la fausse natte qui a été disposée en deux tresses circassiennes, et avec chacune d'elles on établit deux masses flottantes de chaque côté; les cheveux de devant étant longs, on fait deux nattes pour garnir les tempes, lesquelles sont disposées de manière à former sur le sommet de la tête des anneaux élevés. Si les cheveux ne sont pas assez longs, on en fixe de faux à cet endroit; je dois observer que les tresses ne doivent pas descendre très-bas sur les tempes, afin d'éviter le peu de grâce qu'elles occasionneraient si elles décrivaient une ligne parallèle avec les masses qui tombent sur le cou.

Cette coiffure *pyramidale* est ornée de roses trémières, posées par branches détachées, et d'un léger cache-peigne qui sème des frisures parmi les fleurs et les tresses qui s'élèvent sur le devant. Cette composition, dont le nom nous rappelle la belle Cléopâtre, convient à une stature élégante et d'une mise recherchée.

DESCRIPTION DES COIFFURES.

N. 1.

Coiffure de jeune personne, s'adaptant à un visage rond.

Cette coiffure s'adresse à la jeunesse par la simplicité qui règne dans sa composition et la pose légère de la guirlande; pour l'exécuter, il faut lier les cheveux sur le derrière de la tête, à la hauteur de la naissance des cheveux sur le front, les séparer en deux parties égales avec l'index de la main droite, les fendant en travers. Avec la mèche d'en bas, après l'avoir crêpée du côté droit, on la plie à droite pour en former une coque posant sur l'occiput; avec l'autre mèche, que l'on crêpe et plie également, dans le même sens que la première, on en forme la coque supérieure. Toutes les pointes de cheveux qui se trouvent sur le côté droit de la coiffure, servent à former la torsade qui sépare les deux coques et termine le chou.

Pour poser la guirlande, il faut premièrement fixer le bout qui forme bouquet, dans la touffe gauche, à l'aide d'une petite natte où d'une mèche, fortement crêpée, qu'on tourne plusieurs fois sur la tige et que l'on retient avec une épingle noire: cela fait, on dirige sa guirlande vers le chou, on la passe entre les deux coques: on la courbe à gauche, pour former l'auréole qui domine cette coiffure.

N. 2. Cette coiffure, à la *Sévigné*, ornée de fleurs et de rubans, flottant sur une épaule, s'harmonise assez bien avec la manche plate et le corsage busqué; la coque-chignon, qu'on remarque sur le derrière de la tête, accompagne parfaitement les touffes basses et achève de donner à cette composition le cachet qui rapelle les temps anciens. On l'exécutera ainsi qu'il suit: mettre les papillotes larges, attacher les cheveux sur le derrière de la tête, à une hauteur moyenne; les séparer en deux parties: avec l'une (la plus forte) former la coque d'en haut que l'on assujettit près du lien, et qu'on retient en l'air par le moyen d'épingles doubles que l'on introduit de chaque côté et un peu dans l'intérieur de ladite coque; les pointes des cheveux que l'on crêpe, en dessous, et qu'on roule dans le même sens, servent à former le petit chignon à la dévote. Avec la seconde mèche, on forme un lisse plat qui sépare les deux coques, le tout représente une rosette de cheveux entourée au pied par le restant des cheveux de cette mèche.

La rose et le nœud qui se tiennent ensemble sont assujettis sur un petit peigne, à l'aide d'une soie de la couleur des cheveux; la branche qui orne le derrière de la coiffure et dont la tige est tournée sur une petite épingle double, est plantée sur le cordon.

N. 3. Placer les cheveux sur le derrière de la tête; avec la moitié, faire une tresse en cinq, avec l'autre moitié, former deux coques, une en montant, l'autre en descendant, garnir la coque d'en haut d'un tampon de crin, établir la natte sur ladite coque; où, des épingles, qui entrent jusque dans la pelotte, lui donnent de la solidité.

N. 4. Après avoir noué les cheveux, on forme une corde à puits avec toute la masse qu'on place autour du lien, ensuite on forme une seconde corde avec une fausse natte montée en rond, dont on fixe la tête à la droite du lien, se cachant sous la première corde, ensuite on la passe à gauche et on l'assujettit avec une épingle noire. Cette masse qui s'élève six lignes au-dessus de la première est soutenue par les trois épingles à tête, qui les traversent toutes deux. La rose et le bouquet de marabouts sont réunis sur une même tige et adaptées sur un petit peigne d'écaille à l'aide d'un fil ou d'un léger laiton.

J'observerai qu'ici les touffes sont artificielles, et que les ôtant, ainsi que les marabouts, la coiffure qui s'adresse à une femme de vingt-cinq ans, serait convenable pour une jeune personne de seize.

N. 5. Deux branches de fleurs ornent le devant, et les côtés de la tête, et forment couronne, se rapprochant vers le front; un nœud, semblable au n° 2, garnit le derrière de la tête, à ce nœud, on ajoute une torsade où un rouleau pour garnir le milieu de la coiffure; si c'est un rouleau qu'on veut faire, pour éviter la lourdeur, on peut employer du crin que l'on couvre de cheveux, cela donne assez de consistance pour soutenir les perles.

N. 6. Cette coiffure qui tient de l'antique s'harmonise avec un costume sévère. Pour l'exécuter on divise les cheveux en deux parties, avec l'une on en forme une tresse circassienne qui s'élève en forme d'anneaux faisant face en avant; avec l'autre, on en forme une masse lisse qui cache le lien et garnit tout le derrière de la tête. Les pointes des cheveux serrent le pied de la coiffure et lui donnent de la consistance. La tresse qui couronne le front (tresse en trois) et dont la monture est à trois fines branches, est entourrée de perles d'or qui vont se perdre dans la coiffure.

N. 7. Coiffure de mariée exécutée sans épingles.

Ici les cheveux sont longs par devant et noués sur chaque tempe. Il faut se ménager trois quarts de lacet pour chaque touffe dans cette exécution, après avoir préparé deux ou trois mèches de chaque côté, on forme cinq ou six petites coques selon la longueur des cheveux; les coques se font ainsi qu'il suit : On crêpe d'abord une mèche, on en forme une coque tombant sur la joue à la manière des Berthes lisses, les cheveux sont retenus sur le lien à l'aide du lacet qui reste flottant; avec les pointes de cette mèche on en forme une seconde coque, qui descend moins bas que la première; le lacet la retient près du lien et ainsi de suite pour toutes les autres coques de devant.

Par derrière, toute la chevelure est élevée sur tige, et divisée en trois mèches qu'on rabat en sens divers et qu'on fixe au pied de ladite tige, à l'aide d'un lacet qu'on s'est ménagé, ainsi que pour les touffes. Cette coiffure est légère, et ni le voile ni le chapeau ne l'alourdissent, attendu qu'ils sont aussi fixés à l'aide du même cordon, ce qui tend toujours à dégager la tête. La couronne qui orne le devant, est retenue sur chaque tempe au moyen du lacet.

N. 8. Dans cette coiffure de jeune personne après avoir fait un chou de plusieurs coques, on en serre bien le pied avec les pointes de cheveux, on place une fausse Ninon (monture forme croissant), qui prend la forme de la coiffure et garnit le derrière de la tête de boucles étagées; ensuite on place la branche d'oranger sur le devant des coques, une épingle double, qui se perd dans les cheveux, sert à consolider cette fleur. Une branche de roses légère est placée de chaque côté de la tête en forme de mancini et l'écharpe qu'on plisse au milieu est attachée au pied de la fleur d'orange.

GÉNÉALOGIE DES IMPLANTÉS,

PAR SOUCHARD.

Il sera sans doute agréable à mes confrères de trouver dans ce receuil l'histoire des raies-de-chair.

En 1805, lorsque Bonaparte était en Allemagne, Leguet, coiffeur de Lyon, inventa le tricot chevelu. Jusqu'alors le postiche avait été si grossièrement fait, que ce perfectionnement apporté aux perruques fit une grande sensation dans la ville, tout le monde était étonné de ce qu'on était parvenu à imiter la peau de la tête. La renommée fit bientôt retentir le nom de l'inventeur de ce tissu jusque dans Paris, et M. Tellier, coiffeur du Palais-Royal, qui s'occupait spécialement des perruques, chercha à acheter le brevet d'invention à Leguet. Nous étions en 1810, Leguet consentit facilement à céder son brevet à Tellier, s'étant aperçu que ses perruques n'offraient pas de solidité (les cheveux étaient mal noués). Les Anglais, qui avaient entendu parler de cette découverte, se procurèrent une perruque de Leguet, ils l'imitèrent, et bientôt ils en perfectionnèrent le travail, cela vint aux oreilles du sieur Tellier, et il se décida à faire le voyage de Londres pour y étudier le nouveau perfectionnement du tricot. Pendant ces entrefaites, le nommé Carron, coiffeur, aussi au Palais-Royal, acheta d'un ouvrier en soie de Lyon, le procédé pour la fabrication des implantés faite sur le métier de soirie (ce travail convenait moins pour les perruques d'homme que le tricot de Leguet, mais il donnait de plus jolies raies de chair pour les ouvrages

5e Livraon — *Coiffeurs de tous les Pays.* — 1837

1 3 2 6 5 4 8 7

Sommaire

...ar Sanchard, r. Castiglione, 4 ....
...d. Chalmin, r. de l'Hôpital à Rouen ....
...d. Cadémus, r. du vieux Colombier ....
...d. Croizat, professeur de Coiffure ....
5. par Michel, Mbre de l'Acadie, r. de l'Odéon, 24 ....
6. id. Albins. id. id. id. r. St Honoré, 320 ....
7. id. Fournier, r. du petit Lion St Sauveur 23 ....
8. id. Laboy, r. de la paroisse à Versailles ....

des femmes), et voyant que cela lui réussissait bien, pour les raies fixes, il prit un brevet d'invention. De retour de chez nos voisins d'outre-mer, M. Tellier, encore plus habile qu'avant son départ sur la manière de faire le tissu, voulut donner de l'extension à sa nouvelle industrie, et il s'attacha un fabricant de bas des *Cévennes*. Le sieur Carron se croyant contrefait par son voisin, lui chercha querelle et il lui fit un procès. Le procès contrairement à la coutume faisait la fortune des plaideurs, et cela se conçoit. Tous les journaux parlaient de cette affaire, chaque tête à perruque féminine ou masculine était curieuse de voir, et même d'essayer des nouveaux moyens de se rajeunir. Le pauvre ouvrier en soie, qui n'avait vendu son secret que par la raison qu'il manquait de fonds pour l'exploiter, voyant que le sieur Carron bâtissait une belle fortune avec le métier qu'il lui avait vendu presque pour rien, se désolait, et ne pouvant supporter l'idée que son invention faisait le bien-être de quelqu'un, tandis qu'il restait dans la plus affreuse misère, il mit un terme à ses jours!

Le procès qui dura deux ans, se termina à l'avantage de M. Tellier, par la raison que celui-ci, après avoir tenu la justice longtemps en haleine, et par ce moyen fait parler de lui, il fut obligé d'en finir et alors il exhiba le brevet qu'il avait acheté à Leguet.

Michalon inventa la toile chevelue qu'il faisait au métier de tisserand, au moyen d'une tresse à une soie très-fine et sans tête dont il chargeait une navette pour lui faire traverser la trame, ainsi que le font les tisserands.

Pour faire ressortir les cheveux en dessus de la trame, il se servait d'une brosse. Ce procédé qui était de lui, ne laissait pas voir la tresse, car elle se trouvait cachée dans le corps du tissu. Dufour, de son côté, imagina le tulle chevelu (tulle à perruque où il nouait des cheveux à l'aide d'un crochet à broder). Vint s'établir ensuite dans le faubourg Saint-Denis, un ouvrier en soie faisant très-bien les raies-de-chair au métier de Carron; il fut le premier à établir des raies en cœur; mais il y avait des têtes parmi les pointes, ainsi que dans le tricot, les raies de Carron et le tulle de Dufour. Les frères Lavacquerie perfectionnèrent le travail de ce dernier, en imaginant de faire le nœud en dessous de la trame, et de ne faire passer en dessus que les pointes, chose qui se rapprochait plus de la nature. Les raies de Michalon n'avaient pas non plus de tête, mais le tissu était beaucoup moins fin que celui des frères Lavacquerie, vu la tresse que le premier employait pour ses raies. Valon, de la porte Saint-Denis, qui avait travaillé chez Dufour, perfectionna le tulle chevelu; à l'inconvénient des cheveux qui se dénouaient il y remédia par un apprêt qui donnait aussi de la fermeté au tulle, et l'empêchait de se rétrécir. Jusque-là, il y avait eu progrès dans la raie de chair et dans le tulle, ainsi que dans le tricot, mais ce que nous appelons l'épi, était encore dans l'enfance et pour le former on avait recours au fer plat.

En 1815 on parlait d'une implantation qui se faisait en Italie et en Angleterre sur le métier à broder, et au moyen d'une soie double qui faisait passer les cheveux au travers d'une étoffe de soie. Cette implantation n'était pas solide, car les têtes n'étaient seulement que collées à l'envers de l'étoffe. Bourcier de Bordeaux, homme habile dans son état, fit une perruque chauve à *Talma*. Par ce procédé, m'étant aperçu que ce travail admirable manquait de solidité, et que la transpiration pouvait seule faire dépouiller les perruques, je m'occupai de le perfectionner. Nous étions alors en 1820, et en 1822, je pris, étant à Bordeaux, un brevet d'invention pour les implantés avec tresses, faits à l'aiguille, implantés que j'ai fabriqués depuis au crochet à broder. Ce travail, qui joue si bien la nature, est le seul au moyen duquel on peut imiter les épis qu'on distingue sur certaines têtes, et donner aux cheveux toutes les directions.

Si mon assertion pouvait être révoquée en doute, l'usage constant qu'en font tous les coiffeurs, pour finir les perruques, pourrait y donner quelque poids.

Parvenu à un haut degré de perfection, je ne m'arrêtai pas dans mes recherches, et un jour, j'essayai d'implanter des cheveux sur une vessie de porc, ce qui doublé de gros de Naples me donna une perruque chauve de théâtre, qui produisit le meilleur effet. En 1823, étant allé en Angleterre je pus étudier la manière dont les Anglais font leurs perruques en tricot. Dans cette nation, on y traite bien tout ce qu'on y fabrique et le tricot anglais est incomparablement mieux fait que celui qu'on fait en France. C'est donc le tricot anglais que j'ai adopté pour mes perruques, je n'ai rien changé à leur façon que dans le mécanisme, j'ai accéléré la fabrication à un tel point que j'établis une perruque entière, en sept heures de temps. Par le changement que j'ai apporté, les perruques sont plus légères et ne se rétrécissent pas.

MOYENS A EMPLOYER
DANS LA FABRICATION DES RAIES DE CHAIR,

IMPLANTÉE EN DESSUS AU CROCHET

ET A DEUX RANGS DE TRESSES EN REGARD,

Par M. TESTU, élève coiffeur.

On doit : 1° se munir d'un métier à broder de la longueur de dix-sept pouces environ.

2° Il faut avoir du gros de Naples rose qu'on met à tremper dans de l'eau claire, pour le réduire à la nuance de la couleur du cuir chevelu qu'on veut imiter. Pour une raie de blonde, le tissu doit être d'un rose assez vif; pour une châtain, d'un rose tendre, et pour une brune, d'un blanc gris. On le tend ensuite sur le métier, comme font les brodeuses, ayant soin qu'il soit à droit fil et tendu partout bien également. Pour obtenir une raie de deux pouces, vous faites un bout de tresse, de la longueur de deux pouces et quatre lignes, pas trop serrée, mais très-plate; vous froissez dans vos doigts ledit bout de tresse, pour la rendre encore plus souple : ensuite, vous décrirez avec une soie une ligne droite qui marque le milieu de la raie; cette soie doit être fixée sur le tissu avec une aiguille. Cela fait, on coud le rang de tresse du côté opposé (c'est-à-dire à l'envers du tissu), et à la distance d'un demi pouce de la soie, qui marque le milieu de la raie; ensuite tenant les cheveux de la main gauche, et par petites mèches, avec le bout du pouce et le premier doigt d'une part (en-dessous), et le crochet de la main droite, de l'autre part (en-dessus); on implante les cheveux en commençant près de la soie, et l'on s'étend sur le côté. Pour que l'implanté soit joli, il faut avoir un crochet très-fin, pour l'implantation des cheveux du centre de la raie, et un plus gros pour les côtés, attendu qu'ils doivent être plus fournis, afin de cacher les tresses qui avoisinent ce tissu, aussi bien dans les tours que dans les cache-folies (perruques de femme). Le premier rang de tresse étant implanté, on coud le second de l'autre côté de la soie, et à la même distance que le premier, c'est-à-dire à un demi pouce du centre. Ce rang borde l'extrémité de l'implantation faite en premier lieu, et afin de pouvoir implanter la seconde partie sous la tête des cheveux du premier rang, il faut, à l'aide d'une soie, enfilée dans un passe-lacet, faire passer les cheveux du second rang sous le premier, de deux en deux passées, et lorsque cette opération est terminée, on découd ledit premier rang pour le rabattre sur le second, où on le fixe avec des épingles, afin d'avoir la facilité d'implanter la seconde partie de cheveux. La raie étant finie, on remet le premier rang à sa place, où on le coud définitivement. On a bien soin de tendre les cheveux, pour que le cordon de la tresse ne gode pas : ce travail représente en dessous une colonne bordée de chaque côté par un rang de tresse. J'observerai que les cheveux de droite doivent se diriger à gauche, et que ceux de gauche doivent aller à droite, pour cela, il faut, lorsqu'on implante le premier rang, sauter par-dessus la soie, c'est-à-dire ne commencer son travail qu'à un demi pouce de distance, et l'étendre jusqu'à un pouce.

Préparation des crochets.

Comme les crochets à broder sont toujours trop grands pour faire l'implanté, on est obligé de les réduire sur un morceau de pierre à aiguiser les rasoirs, de la longueur d'un pouce : le crochet qui sert pour le milieu de la raie ne doit amener qu'un ou deux cheveux à la fois, et celui qu'on emploie pour les côtés doit en amener trois ou quatre.

NOTA. Au lieu de deux rangs de tresses, on peut n'en employer qu'un qu'on place dans le centre de la raie, lequel fait sur quatre soies à deux rangs de cheveux se croisant, produit à peu près le même effet.

Pour implanter : 1° Faire la tresse; 2° préparer le gros de Naples; 3° aiguiser les crochets; 4° implanter le premier rang; 5° passer les cheveux; 6° finir l'implantation.

CE QUI SIED A LA BLONDE

ET

CE QUI EMBELLIT LA BRUNE.

Les couleurs des cheveux varient à l'infini, le nombre des nuances en est incalculable. Je ne chercherai pas en ce moment à en définir les motifs : ici je ne fais pas une analyse chimique ; mon seul but est d'établir, d'une manière précise, quelles sont les couleurs qui peuvent ajouter aux charmes de chaque femme, et principalement de la brune et de la blonde, de ces deux rivales qui semblent se disputer l'empire que la nature leur a donné sur les humains. Cette étude, qu'on pourrait peut-être négliger, est de la plus grande importance, puisque la moindre erreur, en ce sens, pourrait, décomposant une physionomie, la rendre méconnaissable et lui donner un aspect choquant.

Tout ce qui a de l'éclat et de la vivacité produit un bon effet sur des cheveux noirs, et éclaircit un teint rembruni. Aussi dit-on que le jaune et le rouge sont le fard des brunes.

Les blondes recherchent, au contraire, le rose et le bleu-clair, comme s'harmonisant avec leur physionomie douce, la blancheur de leur teint et la nuance de leurs cheveux. La préférence que l'une donne aux couleurs les plus dures, et l'autre à celles qui sont tendres, suffirait pour résoudre ce problème, si les femmes qui ont les cheveux châtains et celles qui les ont roux, ne compliquaient les difficultés.

Pour empêcher qu'on ne confonde ce qui convient aux unes avec ce qui sied aux autres, je dirai que généralement les brunes exigent les couleurs ponceau, cerise, jaune, blanc, chamois, cramoisi, noir, feu, et que les blondes demandent le bleu, le rose, le vert, le lilas, le violet et le lapis ; les châtaines s'accommodent d'un peu de tout ; seulement, pour celles qui ont le teint très-clair, les couleurs tendres sont préférables aux couleurs vives. Les parures des brunes peuvent convenir à celles qui ont le teint très-foncé ; mais en général, elles ornent leur coiffure de jardinières, c'est-à-dire de plusieurs couleurs. (On appelle jardinière un bouquet ou une guirlande composée de différentes fleurs.) Les rousses sont avantagées par la couleur bleu tendre et le blanc-rosé ; la blancheur de leur teint repousse les couleurs vivaces, mais le velours noir, ainsi que le brun, leur vont parfaitement. Celles dont les cheveux sont tout à fait rougeâtres comportent le rose vif, et en partie toutes les nuances qui conviennent aux châtaines. Une couleur que sied généralement à toutes les rousses, c'est le vert mi-tendre.

Ces principes ne sont pas les seuls à observer dans l'art d'approprier les couleurs, car le degré de coloris oblige quelquefois à adopter des nuances contraires à celles prescrites par les règles générales. C'est ainsi que l'on voit certaines brunes au teint pâle et aux traits affaiblis choisir des nuances douces, parce que d'autres absorberaient l'expression de leurs traits, et quelques blondes, par leur fraîcheur, briller sous des ornements couleur de carmin.

Il est aussi des femmes qu'on appelle beautés journalières, qui exigent, chez le coiffeur, une étude approfondie des principes que je viens de poser. En effet :

Telle à qui sa rivale, en ce jour, rend les armes
Et qu'on ne saurait voir sans danger pour son cœur,
Demain aurait les traits sans éclat et sans charmes
Sans le secours du rouge et l'art d'un bon coiffeur.

L'art de mélanger les couleurs, quoiqu'étant un point secondaire, est aussi assujetti à certaines règles dont la connaissance peut aider un coiffeur à faire ressortir les attraits d'une femme.

Avec quoi coupera-t-on du cerise? avec du blanc. Et le blanc? avec de l'or ou du bleu-clair. Et le jaune? avec du bleu vif. Mais le noir? avec du rose. Le vert avec quoi le coupera-t-on? avec de l'or. Et le lilas? avec du blanc..... Si l'on a trois couleurs à entremêler, la plus claire doit séparer les deux autres. Et s'il se présente d'avoir à poser pour l'ornement d'une coiffure des fleurs ou des couleurs de deux nuances, bien distinctes, on doit, faisant application des règles principales, n'approcher des traits que les teintes qui peuvent les avantager.

Il est aussi une exception que je dois signaler, c'est la couleur des yeux et l'expression des traits en opposition avec le teint et la nuance des cheveux. Une blonde au teint brun repousse le blanc, le rose et le vert. Une blanche brune, au teint suave et pâle, aux yeux d'un bleu d'azur, est admirable, lorsque des roses blanches ou des fleurs bleu céleste, couronnent son front pur.

DESCRIPTION DES COIFFURES.

N. 1. Coiffure de M. FOURNET.

Coiffure ornée de perles et d'épis. La chevelure est divisée en deux parties, dont une très-mince. Avec la plus forte, on forme un rouleau de cheveux que l'on tord légèrement, et qu'on entoure de perles, puis on en forme une auréole en partant de droite à gauche; cette auréole est étayée par des épingles doubles ou un laiton qu'on introduit dans le rouleau en le formant... Avec une fausse natte, qu'on fixe sur le devant du lien en dessous l'auréole, on établit un second rouleau, qu'on entoure également de perles, et on en forme un demi-cercle qui se présente en travers de l'auréole, et aboutit au pied de la coiffure; les pointes de cheveux des deux rouleaux servent à resserrer les masses et alléger le chou. Avec la plus petite mèche, qui est restée flottante, on fait une coque qui garnit le centre du chou et cache les points d'arrêt des deux rouleaux, l'excédent de la coque forme un lisse qui entoure la coiffure.

Les épis, qui dominent à gauche, sont ajustés sur une épingle double qui entre dans le cordon; ceux d'en bas sont ajustés de la même manière. Ceux qui ornent la touffe, sont fixés sur un petit peigne qui retient les boucles en même temps. On remarquera que le laisser-aller des frisures s'harmonise parfaitement avec le fichu à la paysanne qui, par sa forme, dégage les épaules.

N. 2. Coiffure de M. DIOT, de Versailles.

Séparez les cheveux en trois parties, dont deux de l'épaisseur de la chevelure, et l'autre de la moitié; avec la plus forte faites une tresse large, dont vous formerez un chignon de quatre à cinq pouces de longueur; avec une des parties minces des cheveux et du ruban, couvrez-en un léger rouleau de crin en forme de torsade, pour en former ensuite un anneau qui s'élève droit, et se présente carrément de face. Avec l'autre petite mèche, faites un rouleau semblable au premier, formez-en un rond placé sur le derrière de la coiffure, lequel est retenu par le haut à l'aide d'épingles doubles qui entrent dans le cordon de la chevelure, et s'appuient par en bas sur

Coiffeurs de tous les Pays.

2

5

1

6

4

3

Sommaire.

le chignon. Le nœud de ruban, qui sépare les deux torsades, ajusté sur une épingle de trois pouces; contribue à donner de la solidité aux masses de cheveux.

Après avoir crêpé la touffe, on forme une suite de petites coques qui, partant du chou, figurent jusqu'à la touffe une demi-guirlande, au bout de laquelle est un nœud à longs bouts, chose qui sied bien à une femme qui a le col allongé.

N. 3. Coiffure de M. DANTAN.

Dans cette coiffure, dont le caractère majestueux rappelle l'antique, trois branches de fleurs et deux rangs de perles en font l'ornement. Cette manière d'imiter une couronne, en dirigeant deux branchages vers le milieu de la tête, a quelque chose de léger; et puis la troisième fleur couronne avec tant de grâce le derrière de la coiffure! Les bandeaux, tendus avec de bons peignes, tout en donnant de la solidité aux frisures, achèvent de rendre la composition sévère.

Le chou s'exécute ainsi qu'il suit : Nouer les cheveux assez haut par derrière, diviser la chevelure en deux parties, une forte et une mince; avec la plus forte faire une corde à puits sur un fil de fer, pour en former une couronne qu'on coupe par une coque faite avec la mèche mince. Les cheveux de cette coque sont fixés au pied du chou, et avec les pointes on en fait une tresse circassienne, qui garnit le devant du cercle décrit par la torsade.

N. 4. Coiffure de M. BAUDIN.

Ici les cheveux sont noués à la même hauteur que dans la précédente, et divisés aussi en deux parties. Avec l'une on forme une coque qu'on plie en avant, laissant les pointes à gauche pour faire le lisse qui cache le cordon. Avec la seconde partie, qu'on entoure de perles, on en forme un rouleau qui reste flottant, en attendant qu'on ait élevé les deux torsades qui figurent sur le devant du chou.

Après on fixe une fausse natte à la gauche de la coiffure; on la divise en deux parties, que l'on entoure chacune de perles, puis on lance une masse à quatre pouces de hauteur, qu'on retient à l'aide d'épingles doubles; puis on place le deuxième rouleau, et l'on a soin de le détacher un peu de la tête, afin que celui fait en premier lieu puisse passer dessous, en allant de gauche à droite, entourer le pied de la coiffure.

N. 5. Coiffure de M. FAUVEL, de Rouen.

Toute jeune personne à la physionomie douce et pure s'accommode d'une simple rose, d'une simple boucle et d'un léger nœud de cheveux; si elle a le visage rond, la tresse, qui domine la coiffure, lui sera favorable; si, au contraire, elle a la figure allongée, cette tresse devra disparaître; car en ce cas, aucune masse ne doit être vue de devant. Pour former le chou, il faut, après avoir noué les cheveux, les diviser en deux parties : avec l'une, former deux coques doubles, l'une derrière l'autre, la première, plus élevée que la deuxième; avec la seconde mèche, former la troisième coque en la pliant en dessous pour l'assujettir au pied du lien. Toutes les pointes de cheveux servent à entourer et serrer le bouquet de coques. Je ferai observer que, de profil, on aperçoit le jour au travers des trois coques. A l'égard de la tresse, elle se fait en dernier lieu avec des cheveux artificiels ou une mèche qu'on s'est ménagée à cet effet.

N. 6. Coiffure CROISAT.

Cette coiffure a le caractère et la forme italienne, les cheveux, sont séparés depuis le front jusqu'à la nuque. Après les avoir bien lissés et formé les bandeaux, on les noue de chaque côté de la tête au-dessus de l'oreille; puis on en fait une tresse circassienne de chaque masse. Après quoi on établit le premier rang de clotildes, c'est-à-dire les tresses qui flottent sur les joues; et, quand on les a fixées sur les tempes, au milieu de leur longueur, on en rabat les bouts pour former, en les remontant plus haut, le second rang, qui tient à l'aide de petits peignes. Les coques, les barbes de blonde, ainsi que les épingles, tiennent après la monture de la couronne, laquelle entoure la tête et tient à l'aide de petits rubans qui nouent derrière.

ANALYSE DES CHEVEUX

PAR VAUCLIN.

Nous pensons être utile et agréable à nos lecteurs, en reproduisant ici l'analyse sur les cheveux, que M. *Vauclin* publia il y a quelques années, et qui n'a peut-être pas été assez goûtée des coiffeurs, en raison de l'importance de la matière qu'elle traite...

Aujourd'hui que des pharmaciens consacrent le fruit de leurs études à la conservation des cheveux, que Dupuytren compose des pommades, et qu'enfin le docteur Boucheron en fait pousser sur des têtes véritablement chauves, il devient intéressant plus que jamais, pour nous, de connaître la nature de cette partie du corps humain.

Il résulte des expériences du savant chimiste : « 1° Que les cheveux noirs sont formés de neuf substances différentes ; savoir : d'une matière animale semblable au mucus, qui en fait la plus grande partie ; d'une petite quantité d'huile blanche concrète, et d'une autre d'un noir verdâtre, épaisse comme le bitume ; d'un peu de phosphate de chaux, de carbonate de chaux, d'oxyde de manganèse et de fer oxydé ou sulfuré ; d'une quantité notable de silice et d'une quantité plus considérable de soufre.

» 2° Que les cheveux rouges ne diffèrent des cheveux noirs qu'en ce qu'ils contiennent de l'huile rouge au lieu d'huile d'un noir verdâtre, et moins de fer et de manganèse.

» 3° Que ceux qui sont blancs renferment un peu de phosphate de magnésie, et contiennent d'ailleurs les mêmes substances que ceux qui sont noirs ou rouges, moins d'huile colorée.

» 4° Que les noirs doivent leur couleur à l'huile noire et probablement au fer sulfuré ; les rouges, à l'huile rouge, et les blancs, à ce qu'ils ne contiennent ni huile colorée ni fer sulfuré.

» Soumis à la distillation, les cheveux se décomposent, donnent de l'huile, du carbonate d'ammoniaque, etc., et 0,28 à 0,30 de charbon. L'air ne les altère point. Il n'est aucune substance animale qui résiste autant qu'eux à la décomposition putride. Ils ne se dissolvent dans l'eau qu'à un certain nombre de degrés au-dessus de 100° : aussi n'en peut-on opérer la dissolution dans ce liquide qu'au moyen du digesteur de Papin. Toutefois, il ne faut pas trop élever la température ; car le mucus, qui constitue la majeure partie des cheveux, loin de se dissoudre, se décomposerait et se transformerait en acide carbonique, en carbonate ammoniaque, etc. Dans tous les cas, il se dégage une certaine quantité de gaz hydrogène sulfuré ; il s'en dégage d'autant plus que la température est plus élevée, ce qui semble annoncer que ce gaz est dû à un commencement de décomposition.

» L'eau chargée d'une petite quantité de potasse caustique, par exemple, de 4 centièmes, dissout bien mieux les cheveux que l'eau pure. Lorsqu'on traite ainsi les cheveux noirs et les cheveux rouges, il se dégage, pendant la dissolution, de l'hydro-sulfure d'ammoniaque, qui provient sans doute de ce qu'une petite portion de la matière se décompose, et l'on obtient ; savoir : avec les cheveux noirs, un résidu noir formé d'huile épaisse, de fer et de soufre, et avec les cheveux rouges, un résidu composé d'huile jaune, de soufre et d'un atôme de fer.

» Les acides agissent diversement sur les cheveux. L'acide sulfurique et l'acide hydro-chlorique, étendus d'eau, après s'être colorés en rose, les dissolvent. L'acide nitrique les jaunit d'abord ; il les dissout ensuite à l'aide d'une douce chaleur, en isole l'huile, et les décompose complétement : de cette décomposition résultent de l'acide oxalique, de l'acide sulfurique en raison du soufre que contiennent les cheveux, de la matière amère, etc. (1772). Le premier effet du chlore est de les blanchir ; bientôt après il les ramollit, et les réduit en pâte visqueuse et transparente comme de la térébenthine. »

DES CHEVEUX,

DE LEUR STRUCTURE

ET DES SOINS A LEUR DONNER, SOUS LE RAPPORT DE LA FRISURE.

Les cheveux et les poils sont des filaments cornés qui se font jour à travers la peau, recouvrent, embellissent et protégent quelques parties du corps contre le contact des agents extérieurs. Leur dénomination varie suivant la région qu'ils occupent. Ainsi, on nomme *cheveux* ceux qui croissent sur la tête; *sourcils* ceux qui décrivent un quart de cercle transversal au-dessus de l'œil; *cils* ceux qui bordent les paupières; *barbe*, ceux qui couvrent le menton jusqu'à l'oreille et la partie antérieure du cou, etc. Le cheveu offre deux parties distinctes : le *bulbe* et le *poil* ou la *tige*. Le *bulbe* ou *racine* est implantée obliquement dans le cuir chevelu, il consiste en un follicule cutané, soutenu par un pédicule nerveux ou vasculaire; au goulot de ce follicule sont disposés en cercle neuf follicules sébacés plus petits, dont le fond donne naissance à une papille conique qui est reçue dans la cavité de la base du poil ou cheveu, et qui produit celui-ci par sécrétion. La tige du poil embrasse donc, par sa racine, la pupille du bulbe dont elle naît. Or, le cheveu croît seulement par sa base. Pour s'en convaincre, on n'a qu'à examiner les cheveux teints sur la tête, quelques jours après que cette opération a été faite; il sera facile de voir que la base est devenue blanche et que le blanchiment se prolonge uniquement sur ce point, avec la croissance du cheveu.

Les cheveux varient en couleur suivant l'âge, le teint des individus et les climats. Dans l'enfance et dans les pays froids ou nébuleux, ils sont en général blonds; ils sont d'un noir plus ou moins foncé dans les contrées méridionales et dans la virilité; dans la vieillesse, et souvent dans un âge peu avancé, ils blanchissent comme les feuilles en automne jaunissent avant leur chute; ainsi le blanchiment du cheveu est le prélude de l'hiver de la vie. Entre le blond et le noir, se trouvent les nuances blond cendré et le châtain plus ou moins foncé, enfin la couleur rouge qui n'est que le partage des teints très-blancs.

Sous le rapport de leur *aspect*, certains cheveux ont un velouté qui les fait paraître soyeux; en général les cheveux blancs, les rouges, et ceux qui sont coupés sur des têtes malades ou sur des morts, en sont dépourvus. Il en est qui ont un aspect *gras*, les noirs surtout, qui est dû à une sécrétion d'une matière sébacée. Les cheveux provenant de personnes mortes, ont un aspect terne et sont attaqués plus facilement par les mites.

Il se présente ici maintenant une grande question : les *corps gras* et *les alcools aromatiques* conviennent-ils également à tous les cheveux? Avant d'y répondre, il est bon de faire observer qu'il est des cheveux très-hygrométriques, c'est-à-dire, qui attirent l'humidité de l'air. Ces cheveux s'allongent alors et ne tiennent pas, comme on dit, la frisure. C'est ce qu'on voit pendant les temps pluvieux; voilà pourquoi les frisures les plus soignées se dérangent presque en entier dans les soirées dansantes quand on commence à suer. Ces cheveux ont besoin d'être *frisés serré* à une chaleur modérée et soutenue, et réclament le secours des huiles ou pommades odorantes; il en est de même des cheveux dits *crépus*. Les cheveux naturellement *gras* ne veulent ni huiles ni pommades; les alcools aromatiques (eau de cologne) leur conviennent beaucoup mieux; ils dissolvent en partie cette espèce de suint qui les recouvre. Les cheveux blonds et les cendrés, n'ont besoin que de très-peu d'huile ou de pommade; la chaleur du fer doit être bien moins forte que pour les cheveux gras. Les cheveux rouges et les cheveux blancs sont en général secs ; les premiers surtout frisent difficilement ; il exigent un fer un peu plus chaud et les huiles et les pommades. Règle générale, quand la frisure est faite, sur quelque cheveu que ce soit, avec un fer trop chaud, il faut faire usage des huiles aromatiques qui, dans tous les cas, sont préférables aux pommades, en hiver surtout, attendu que ces dernières, durcissant, se distribuent moins bien sur tout le système pileux.

Il est des coiffeurs qui, avant de friser les cheveux, les aspergent avec de l'eau de Cologne ; cette méthode est vicieuse, attendu qu'elle donne à la chevelure un aspect terne. En dernière analyse et d'après ce qui précède, on doit, autant que possible, ne pas employer de fer trop chaud, afin de ne pas s'exposer à crisper et même à brûler les cheveux; il vaut mieux une température modérée, et les laisser plus longtemps en contact avec le fer. Nous consacrerons des articles spéciaux à la *calvitie*, la *canitie* et à l'hygiène, ou soins à donner à la tête.

COUPE DES CHEVEUX

AU MOYEN AGE,

Par M. SALADIN, élève de Rousset Michalon.

Ce qui donne de la majesté à l'homme est sans contredit une chevelure touffue et artistement arrangée; une barbe bien dessinée et bien taillée, contribue, aussi à donner aux traits un caractère mâle et distingué. Tout coiffeur doit donc, lorsqu'un homme lui confie sa tête, observer, avant que de prendre les ciseaux, la forme de sa tête, l'expression de ses traits, sa taille, afin de lui approprier une coiffure qui couronne avec symétrie sa stature. Pour les hommes grands, à la figure longue et aux traits mâles, il convient de leur laisser les cheveux longs à la manière de Charles VII. Voici comment on procède à une coiffure de ce genre. Séparer les cheveux sur la ligne du nez à partir de l'épi qui marque le milieu de la tête. Rabattre la chevelure de chaque côté et la couper carrément à la hauteur de la bouche en faisant le tour par derrière, comme dans Raphaël. Au moyen âge on faisait une coupe semblable en quatre coups de ciseaux. Savoir : après avoir séparé les cheveux au milieu de la tête qu'on couvrait avec une calotte de cuir qui descendait jusqu'au-dessus des oreilles, on donnait un fort coup de ciseau à droite, un à gauche, un par derrière, et pour le dernier coup on faisait le tour afin de rectifier la *taille*.

Cette coiffure, à la mode en ce moment, exige des soins, notamment d'être bien peignée, brossée, et bouclée de temps en temps, sans quoi, au lieu de parer les individus qui l'adoptent, elle leur donnerait un air plus que négligé.

Coiffure de M. Frédéric STANISLAS.

On commence par tirer une ligne vis-à-vis l'œil gauche, ce qui donne une touffe très-fournie à la droite de la tête. Et après avoir bien brossé les cheveux on les frise au fer rond, par mèches prises en travers. Les deux premières mèches doivent être roulées en dessous et les autres en dessus. Les cheveux du sommet, n'étant frisés que des pointes, forment bandeau ce qui dessine la forme de la tête et sied parfaitement aux hommes qui ont la tête conformée dans le genre de l'esquisse B. de la page 4. Pour cette coiffure les cheveux ne doivent pas être très-courts sur le derrière de la tête afin que les masses se lient bien partout. La coupe se fait carrément et à grands coups de ciseaux.

101 Coiffeurs de tous les Pays.

Sommaire.

Coiffures d'Hommes.

N.° 1. par M.r Saladin r. de la Harpe 88.

2. par M.r Frédéric Stanislas r. n.ve vivienne 49.

3. par M.r Henry Bull à Liège (Belgique).

Coiffures de Femmes.

N.° 1. inventée par M.r Pinçon perfectionnée par M.r Guillaume M.bres de l'Acad.ie de Coiffure.

2. par Michel ..... id ..... id.

3. par Roméo Largeau. id ..... id.

COUP D'ŒIL

SUR LA COIFFURE DES HOMMES,

PAR M. HENRI BULL,

Artiste coiffeur, à Liége (Belgique).

Pourquoi porter plus longtemps les cheveux longs tombant sur les oreilles? Au moindre coup de vent ne ressemble-t-on pas à un normand ou à un homme de la basse classe prussienne? Pourquoi nos fahsionnables français conservent-ils encore ce genre incommode, tandis qu'un léger changement pourrait apporter des améliorations qui réuniraient le nouveau à l'utile et à l'agréable; c'est à quoi je me suis appliqué, surtout depuis qu'on semble dédaigner de porter des coiffures artificielles. Pourquoi cette répugnance à adopter le toupet ou perruque? Tandis que les rois les plus illustres, Louis XIII et Louis XIV, s'en paraient, et pourtant à cette époque nous étions loin de la perfection où nous sommes arrivés. La tresse sans tête, les finissons, les raies de chairs, le tulle et le tricot chevelu, rien de ce qu'on admirait à la dernière exposition parisienne n'était connu dans ces temps éloignés.

Maintenant une perruque bien portée trompe l'œil le plus clairvoyant, et tandis que notre coiffure tend à remonter vers cette époque, c'est-à-dire à ressembler à celle qui distinguait la toilette des Français en 1660, quoique alors on ne fît que des perruques lourdes, et qu'on ne sût pas bien préparer les cheveux, la perruque devient indispensable pour tout homme qui tient à être bien mis et bien coiffé. D'ailleurs, le postiche offre mille avantages: frisure solide, économie de temps (elle dispense en partie d'un coiffeur); et puis, comme les perruques à la Louis XIV coûteront cher à établir, l'homme fortuné qui aime toujours à se faire distinguer par le luxe et la recherche, trouvera le moyen de se faire remarquer par la richesse de sa coiffure, car il est aisé de prévoir qu'oubliant le prix des titus, où l'on compte par francs, le riche reprendra les anciennes habitudes, et comptera de nouveau par louis ou par écus.

Indépendamment des avantages pécuniers pour nous, le postiche bien fait apporte avec lui l'élégance et la commodité.

Mettons donc de côté tout scrupule, prenons nos aises, suivons l'exemple de nos dames. Le postiche est reçu chez elles, il est même de *bon ton*. D'ailleurs l'orgueil et la fortune s'y attacheront et le bon temps renaîtra pour notre état.

H. BULL.

TAILLE DES CHEVEUX.

Il faut premièrement tracer la ligne en commençant au-dessus de l'œil gauche, traverser toute la tête, en obliquant vers la droite de manière à la terminer au bas de la tête à deux pouces derrière l'oreille droite; effilez bien vos cheveux de toutes parts, crêpez le fond, et vous conduirez vos boucles avec facilité, leur faisant faire le demi-tire-bouchon; il ne faut pas couper les cheveux par derrière trop courts, afin que la ligne se conserve; au surplus, pour éviter qu'elle ne se mêle, on peut lisser les cheveux avec de la gélatine Croisat.

COIFFURE DES FEMMES.

N. 1. Coiffure de M. PINÇON.

Une tresse circassienne entourant une coque et des fleurs entrelacées de perles, forment le derrière de cette coiffure; le devant de la tête est orné d'une couronne à la Médicis, laquelle composée de perles enfilées sur laiton et de fleurs légères, est maintenue par une épingle de chaque côté de la tête, et le rang de perles qui va joindre le chou. Un des caractères distinctifs de cette coiffure, c'est le peu de volume donné aux touffes; on remarquera facilement qu'elles ne dépassent pas celui des fleurs, qu'au contraire elles forment avec ces dernières, une masse qui se fond sur l'os de la pommette. Cette composition, vu les deux touffes de fleurs parallèles, qui se présentent en avant, s'adresse de préférence aux femmes qui ont les traits sévères, et de la noblesse dans le maintien.

N. 2. Coiffure de M. MICHEL.

De même qu'il est indispensable d'accompagner le cou et de couvrir la poitrine d'une mariée avec le voile lorsqu'il y a chez elle absence de fraîcheur ou que les clavicules sont un peu prononcées, de même lorsque son teint est frais et coloré, que sa poitrine et ses épaules sont bien faites, on doit laisser flotter l'écharpe en arrière dans le genre de l'Iphigénie; c'est assez que quelques branches de fleurs légères accompagnent le visage, car tout ce qui surcharge une jeune personne est de mauvais goût et la vieillit. Pour exécuter cette coiffure qui s'adresse à la jeunesse en général, il faut attacher les cheveux à la hauteur de la ligne sourcillière et en former une corde à puits très-serrée, puis élever un anneau faisant face en avant; le bout de la corde reste libre: on prend une fausse natte avec laquelle on fait une seconde corde; on fixe la fausse natte sur le derrière de la tête au pied du cordon, la pointe des cheveux en l'air, et l'on assujettit la torsade dans cette direction, à l'aide d'une épingle double, qui est plantée perpendiculairement dans le cordon, puis, on dirige ladite torsade en forme de chaperon se dirigeant de droite à gauche, la palme de fleurs d'orange garnit le côté du chaperon et le bout de la première torsade qui est restée flottante, entoure le pied de la coiffure. Pour la pose de l'écharpe, on la plisse au milieu et ensuite on double les plis, ce qui raccourcit un peu l'écharpe, mais fait qu'on obtient les ondulations à la broderie; l'ayant ainsi pliée, on entre au travers des plis, un seul côté d'une épingle double, fine et bien bronzée, de la longueur de 3 à 4 pouces, on repousse l'écharpe jusqu'à la tête de l'épingle, afin de pouvoir piquer les pointes dans le lien de la chevelure, après cela on fait jouer la broderie, quelquefois même pour donner du mouvement à la coiffure, on lance un bout de l'écharpe sur la gauche du chou à l'aide d'une épingle, ce qui forme un bouillon qui n'est pas désagréable, attendu qu'il dégage le cou et détruit la symétrie du plissé.

N. 3. Coiffure de M. ROMÉO, de Tours.

Il y a de la hardiesse à vouloir allier la plume d'autruche au turban, car le turban ne comporte en général que l'oiseau de paradis, l'aigrette en vert filé, la gerbe de pierreries, l'esprit ou le héron. Quelquefois une pointe d'effilé termine agréablement un chiffon; un chef d'or ou d'argent posé sur la torsade, peut aussi enrichir, seul, cette coiffure difficile et dont l'exécution brillante est très-rare parmi les jeunes coiffeurs.

Pour exécuter ce *turban coupé*, il faut nouer les cheveux très-bas sur l'occiput et en former deux tresses en trois et un petit chignon tombant sur le cou. Cela fait, on entoure la tête d'un ruban N. 4, puis on prend l'étoffe par un des coins, on la double, on en forme une coquille bien fournie que l'on assujettit sur le lien des cheveux. L'une des tresses entoure le pied de la coquille; ensuite il faut réunir l'étoffe sur la droite de la tête, la plisser en long pour former le bourlet qui s'élève au-dessus du front. Arrivé sur la tempe gauche, on fixe l'étoffe sur le ruban de fond afin de pouvoir former le bouillon qui tombe sur la joue, après quoi on termine le turban avec le bout qui reste, lequel, passant sous la coquille, achève le bourrelet: avec la tresse qui était restée flottante, entourez deux fois, le bourrelet sur le côté de la tête; puis posez le diadème que vous assujettirez de chaque côté à l'aide d'une petite épingle noire, et la plume qui se jette à gauche, fixée sur le ruban de fond, couronnera avec élégance cette coiffure et lui donnera le caractère mixte. J'observerai que, sans ce dernier ornement, le turban serait du genre sévère.

DESCRIPTIONS DES COIFFURES.

Dans la coiffure, il y a, ainsi que dans les visages, trois caractères bien distincts, savoir : le *sévère*, le *gracieux* et le *mixte ;* le premier de ces caractères est représenté par le n. 6, le deuxième par le n. 3, et le troisième par le n. 4 ; dans chaque caractère il y a plusieurs nuances, mais le sujet étant de la plus haute importance, je n'essaierai pas de le traiter dans un aussi court espace, plus tard j'y consacrerai un long article.

N. 1. *Turban d'odalisque, composé d'un cachemire long* (2 aunes 1/2) ; *exécution :* Envelopper la tête et réunir l'étoffe à droite derrière l'oreille à l'aide d'une épingle, plisser le châle en long, le tordre très-peu de manière à ce que les plis soient plats ; entourer la tête par une masse qui la traverse obliquement, laquelle est relevée à la droite, penche à gauche et revient former un croisé sur le devant. (*Fondation de ce turban*). Plissez le restant du châle pour couronner ces deux masses par une ou deux tresses, qui, étant les plus apparentes, doivent être faites avec beaucoup de soin. La fin du châle aboutit sur le côté gauche où il accompagne la joue agréablement. Pour ce turban, il faut deux épingles, une au commencement et une autre à la fin ; la première est nécessaire pour réunir l'étoffe lorsqu'on forme la calotte et la seconde pour arrêter le bout flottant.

N. 2. *Turban de sultane composé de deux aunes de tulle-illusion.* — Entourez la tête pour former la calotte, et après avoir réuni le tulle à l'aide d'une épingle, introduisez une grande feuille de papier blanc, souple, sur laquelle vous tournez le tulle et vous posez la première masse. Ajoutez une deuxième feuille en biais, que vous couvrez du restant du tulle, et vous obtenez la masse de couronnement dont le bout est fixé derrière la première. Le turban étant construit, on travaille un peu le bouillonnage, puis on entoure la tête ainsi que les masses d'un chef d'or de 2 1/2 à 3 aunes de longueur.

N. 3. *Coiffure à l'anglaise ornée de trois branches de fleurs.* — Les Anglaises chérissent les coiffeurs français, elles les trouvent supérieurs à ceux de leur pays ; aussi, c'est avec confiance qu'elles livrent leur tête aux mains des artistes venant de France, apportant *les modes de Paris.* Mais quelque puissant que soit l'empire des oracles de la coiffure, cela n'empêche pas que ces belles clientes, si riches par la régularité de leurs traits et leur fraîcheur, ne touchent un peu à leurs frisures pour les ramener près des yeux afin de s'en couvrir les joues jusqu'à fleur de l'os de la pommette, parce que, disent-elles, autrement elles auraient l'air trop gaies : c'est leur expression.

N. 4. *Coiffure ornée d'une tresse impériale.* — Après avoir noué les cheveux, séparez-lez en neuf mèches dont une est employée autour du lien pour servir de coussin (si l'on n'a pas ce petit accessoire nécessaire), sept autres mèches forment sept tresses en trois faites sur du fil de fer, puis on les pose sur la masse de fond, formant une suite de dents de loup qui imitent la couronne impériale. La neuvième mèche sert à entourer le pied de la coiffure, où toutes les pointes des tresses doivent aboutir, si on n'aime mieux les rentrer dans le centre de la coque *coussin.* Dans une chevelure longue il est inutile de faire sept tresses, trois doivent suffire. Cette coiffure, par le cachet qu'elle imprime, s'adresse à une jeune femme d'une mise recherchée.

N. 5. — Cacher les petits peignes, tout en ornant le devant de la coiffure de fragments de guirlande d'aubépine, a été le but principal de l'auteur de cette charmante composition. Le chou composé de deux cordes légèrement posées et dont la plus élevée tient à l'aide d'épingles doubles, devant lequel s'élève un diadème de fleurs de même sorte que les premières, indique que cette parure est convenable pour une femme aux traits caractéristiques.

N. 6. — La première coiffure que les dames romaines adoptèrent lorsqu'elles eurent quelques prétentions à des goûts raffinés, fut le bourrelet. Cette coiffure consistait à tordre les cheveux, au bas de la fossette du cou, et à en ceindre simplement la tête. Au fur et à mesure que les états romains s'agrandirent, le luxe, faisant des progrès, le goût de la dépense augmenta, et la mode vient ajouter des ornements à leur première coiffure (le tutulus, coiffure qu'on parvint à varier à l'infini). Aujourd'hui, que les chevelures sont en partie usées par le crêpage des coques, et qu'il serait difficile de faire un beau bourrelet, sans ajouter une masse lourde de faux cheveux, voici comment j'établis l'édifice : Je rabats les cheveux sur le dos de la femme, où ils sont peignés aussi lisses que s'ils devaient représenter la coiffure d'*Eve*, puis je passe dessous, et bien près de la tête, un long bourrelet, bien souple; la femme tient le bout du côté gauche, j'entoure le côté droit avec la chevelure de gauche, puis le côté gauche avec les cheveux de la droite, les bouts sont réunis sur le front à l'aide d'une épingle, je détache un peu les masses, et je pose les ornements sur le bourrelet. — Le n. 7 est fait de la même manière, seulement, au lieu d'entourer la tête avec le bourrelet, j'entrelace les bouts du rouleau, en commençant par la droite, et au lieu de détacher les masses pour imiter des coques, je les confonds en les peignant.

RECHERCHES

SUR LES CHEVELURES ARTIFICIELLES DES ANCIENS.

La première perruque dont il soit fait mention dans l'Histoire, fut une peau de chèvre garnie de son poil, que la fille de Saül, roi des Juifs, employa pour sauver la vie à son époux. Quand les perruques, depuis leur origine, n'auraient rendu que ce service à l'humanité, elles mériteraient d'être immortalisées.

La peau de chèvre, dont se servit la fille du roi des Juifs, ferait presque soupçonner que, dès le temps de David, les chevelures artificielles étaient connues. Il est certain que l'invention des perruques est très-ancienne. Les hommes ont-ils fait cette brillante découverte pour leur propre usage? Le beau sexe aurait-il été le premier qui se serait avisé de relever ses charmes avec des cheveux étrangers? C'est sur quoi les auteurs sont divisés : c'est sur quoi je n'entreprendrai point de prononcer.

Si l'on s'en rapporte à ce que Cléarque, disciple d'Aristote, dit dans Athénée, il faut déférer aux Japiniens les honneurs de l'invention des perruques. Les Japiniens étaient des habitants de la Pouille, gens livrés à toutes sortes de voluptés; ils se fardaient le visage; ils n'est pas étonnant qu'ils aient aussi cherché à déguiser leurs cheveux.

Xénophon, dans son livre de l'institution, assure que les Perses portaient aussi des perruques, et que Cyrus, encore enfant, étant allé en Médie avec sa mère, et voyant le roi Astyagès, son grand-père, qui avait les sourcils peints, les yeux hauts en couleur, et une perruque selon la coutume des Mèdes, s'écria en ces termes : « Ah! » ma mère, que j'ai un beau grand-père. »

Posidippe, selon le témoignage d'Ælien, dit d'Aglaïs, fille de Mégacle, qui vivait du temps de Cyrus, qu'elle ornait sa tête avec des cheveux artificiels surmontés d'une aigrette.

Condale, lieutenant-général de Mausole, eut recours à la mode des perruques pour

1.30

Coiffeurs de tous les Pays.

Sommaire.

1. Turban de Mr. Cartier, agrégé de l'Acad.ie de coiffure.
2. id Charles Phyblyky, de Varsovie élève de Croisat.
3. Coiffure de Mr. Piedfort, de Boulogne S. M. ....
4. id par Mr. Henry Bull, de Liège (Belgique)
5. Coiffure par Mr. Pinçon, Mbre. de l'Académie ....
Rue du Helder, 12 ....
6. bourlet sans cordon ni peigne, d'après l'antique pr. Croisat.
7. Nœud ... id ..... id genre nouveau .. idem ..

procurer de l'argent au roi son maître. Ce général, voyant que les Lyciens étaient fort attachés à leurs cheveux, feignit que Mausole lui avait adressé des ordres très-précis, par lesquels il lui mandait de faire tondre sans délai toutes les têtes qui se trouveraient en Lycie. Il annonça en même temps, à ce peuple trop crédule, que si chaque particulier voulait lui donner une certaine somme, il ferait venir de Grèce des chevelures artificielles : le stratagème eut un succès heureux, et procura au lieutenant de Mausole de l'or et de l'argent en abondance.

L'introduction des cheveux postiches sur la tête des femmes des Phéniciens n'est pas moins singulière. Les Phéniciennes, dit l'auteur des essais sur Paris, étaient obligées, aux fêtes des funérailles et de la résurrection d'Adonis, de faire le sacrifice de leurs cheveux à la Déesse Ergette, c'est-à-dire à Vénus ; cependant les femmes attachées à leur chevelure, pouvaient la conserver en se prêtant tout le jour aux galantes instances des étrangers, qui ne manquaient jamais de venir en grand nombre à ces fêtes. L'argent qu'elles recevaient pour prix de leurs complaisances appartenait et était consacré à la Déesse ; c'était le casuel des prêtres. Un particulier, peut-être un mari, un jaloux, imagina les perruques, et les proposa aux femmes, qui ne voulaient ni se prostituer ni perdre leurs cheveux. L'invention parut commode ; mais elle excita la réclamation des ministres de la Déesse ; ils décidèrent que les perruques pouvaient nuire à leurs droits ; elles furent défendues.

Suidas témoigne qu'Annibal changeait souvent de perruque : il en avait pour divers âges, selon la magnificence de ses habits. Tite-Live, dans le vingt-unième livre de son histoire, donne une autre raison de ce changement ; il dit que ce grand capitaine s'étant attiré la haine des Gaulois, qu'il avait dans son armée, et craignant qu'ils ne lui dressassent des embûches, se déguisait souvent, changeant tantôt d'habit, tantôt d'ornement de tête afin de n'être point reconnu.

La mode des perruques s'introduisit à Rome vers les derniers temps de la république, et les dames romaines lui firent un accueil très-gracieux. *Ovide* console une de ses amies qui était devenue chauve, en lui conseillant de prendre une perruque. Il fallait qu'alors les chevelures artificielles fussent bien artistement travaillées, puisque le même auteur annonce à son amie qu'on prendra sa perruque pour ses cheveux, et qu'elle rougira plus d'une fois des éloges prodigués à une chevelure qu'elle aura achetée. Il dit aussi dans un autre endroit, qu'une femme, quelque chauve qu'elle soit, peut se procurer, avec de l'argent, des cheveux touffus et fort épais, et les faire passer pour ses propres cheveux.

Le goût pour les chevelures immenses, qui se manifesta parmi les dames romaines, acheva d'accréditer l'usage des perruques, et procura plusieurs fois à *Martial* des occasions d'exercer son humeur satirique. Après avoir dit à Paulus que Fabulla jure que les cheveux qu'elle achète sont à elle, il lui demande si elle ne se parjure point? Il reproche à Lélia qu'elle a des dents et des cheveux postiches, et feint d'être en peine de ce qu'elle fera de son œil borgne, parce qu'on ne vend point d'yeux comme on vend des dents et des cheveux.

Parmi les cheveux dont les ouvriers se servaient pour fabriquer les perruques, ceux des Allemands étaient fort recherchés ; ils devaient cette préférence à leur belle couleur blonde, qui avait des attraits singuliers pour les petites maîtresses romaines. Les têtes rousses n'étaient pas néanmoins en grande vénération. *Martial* dit fort méchamment à Lesbia, qu'il lui envoie une perruque d'Allemagne, pour lui faire voir que les cheveux qu'elle porte sont encore plus blonds, plus foncés que ceux des peuples qui habitent cette contrée.

Si les dames romaines, dépourvues de cheveux, ou qui avaient des raisons pour cacher leurs chevelures, furent les premières qui adoptèrent les perruques, elles eurent bientôt un grand nombre d'imitatrices. Ce fut alors que parurent ces immenses chevelures, dont il nous reste encore des traces sur les médailles et les monuments qui représentent la plupart des Impératrices romaines. On nommait ces énormes perruques, des corimbyons, des corribolons.

Cette mode en fit naître une autre, que les petites maîtresses françaises n'ont point encore renouvelée : elle consistait à se procurer une perruque assez simple, destinée uniquement à paraître le matin en attendant les préparatifs de la toilette. Cette espèce de fausse chevelure s'appellait un galericon, un galerus, et rendait à peu près les mêmes services que les capuces ou calèches des femmes de nos jours.

Ces coiffures artificielles ne plaisaient pas à *Properce*. Sa treizième élégie à Cinthie contient des imprécations contre les belles qui cachent leurs cheveux sous des perruques.

Il paraît en effet que les dames romaines abusaient quelquefois de cette invention; et s'il faut ajouter foi à la muse caustique de *Juvenal*, Messaline, femme de l'empereur Claude, avait soin de garnir sa tête d'une perruque blonde, de la dernière espèce dont je viens de parler, lorsqu'à la faveur de la nuit, suivie d'une simple soubrette, elle se rendait dans les lieux de débauche, pour se prostituer avec le premier venu.

Les hommes portaient aussi des perruques, ou, comme on les appellait alors, des capillaments. Il en avaient, ainsi que les femmes, de plusieurs sortes, et le galerus était commun aux deux sexes. Du moins Juvenal témoigne que Gracchus, homme de qualité, se déguisait avec une perruque de cette espèce, pour faire le métier de gladiateur dans les arènes, sans être reconnu.

Pétrone raconte que la servante de Triphène mena un certain Gyton au fond du vaisseau dans lequel ils faisaient voyage, et lui mit la perruque de sa maîtresse; il parle peu après d'une perruque blonde dont la même servante gratifia celui qui avait fait le récit de cette aventure.

Suétone rapporte de Caligula, que la nuit il se mettait en perruque et en robe longue, pour avoir le plaisir de fréquenter les lieux de débauche, et roder avec plus de liberté. Le même auteur, dit d'Othon, qu'il était aussi coquet qu'une femme; qu'il s'était fait épiler par tout le corps, et qu'il portait une perruque afin que personne ne s'aperçût qu'il avait peu de cheveux.

Ælius Lampridius nous représente l'infâme Commode se brûlant les cheveux et la barbe, n'osant se servir de barbier, et portant une chevelure postiche, pommadée et poudrée avec de la raclure d'or.

J'observerai cependant ici qu'en général les perruques étaient plus rares à Rome sur les têtes des hommes que sur celles des femmes. La mode voulait alors que les dames romaines eussent de belles, de longues chevelures, très-élevées par devant, ce qui faisait dire à Juvenal, qu'en face on les prenait pour des Andromaques, et que par derrière elles ressemblaient à des Pygmées. Pour édifier ces coiffures à plusieurs étages, il fallait absolument recourir à l'art, il fallait employer des cheveux étrangers: de là les perruques. Les hommes au contraire portaient les cheveux très-courts; les perruques ne leur étaient pas fort nécessaires.

Il paraît même que la toilette des têtes, parmi les Romains, était fort simple. Ovide, ce poëte si galant, désapprouvait ceux de ses contemporains qui faisaient consister tout leur mérite à décorer leur tête; et sur cet article il était d'accord avec les philosophes les plus rigides; mais la coquetterie avait des partisans : Rome produisit des petits-maîtres, ainsi qu'en ont produit tous les autres pays.

» N'esperez rien de mâle ni de solide, disait Sénèque à son ami Lucilius, de ces » jeunes gens que vous connaissez, qui ont grand soin de leur barbe et de leur che- » velure, qu'on trouve toujours à leur toilette, et qui sont aussi propres que s'ils sor- » taient d'une boîte.

» Quoi, dit-il ailleurs d'un ton fort ironique, appelez-vous oisifs des gens qui » passent plusieurs heures chez les barbiers pour se faire arracher le poil qui leur » est venu la nuit d'auparavant? Pour délibérer sur chacun de leurs cheveux? Pour » rétablir ceux qui se sont dérangés? Pour faire revenir sur le front ce qui leur en » manque?

» Considérez, je vous prie, comment ils s'irritent lorsque le barbier est un peu né- » gligent? Ne dirait-on pas qu'il s'agit de raser un homme tout entier? Voyez comme » ils entrent en furie lorsqu'il leur tombe quelqu'un de leurs cheveux, lorsqu'ils » s'aperçoivent qu'il y en a quelqu'un qui n'est pas bien arrangé, ou qui est mal » bouclé? Ils aimeraient mieux, tous tant qu'ils sont, que la république fût en dé- » sordre, que leur chevelure : ils ont plus de soin de la beauté de leur tête que de » leur propre vie : ils aimeraient mieux être bien coiffés que d'être vertueux. Non, non, je le répète; on ne peut être oisif quand on est perpétuellement entre le peigne » et le miroir. »

(*La suite au prochain numéro.*)

RECHERCHES

SUR LES

CHEVELURES ARTIFICIELLES DES ANCIENS.

SUITE.

Horace désapprouve aussi la coquetterie de ses contemporains; mais ce poëte ressemblait à bien d'autres; il donnait des conseils qu'il ne suivait pas : tout le monde sait que ce panégyriste de Mecène avait grand soin de son individu; c'était un franc épicurien : il en est convenu lui-même.

Parmi les divers moyens dont les petits-maîtres de Rome faisaient usage pour embellir leur tête, je trouve qu'ils teignaient leurs cheveux. Cette coutume ne leur était point particulière : on en trouve des traces jusque dans les siècles les plus reculés, et les deux sexes lui ont rendu hommage.

Ce raffinement de coquetterie n'était pas du goût de Philippe, roi de Macédoine. Ce prince ayant un jour remarqué qu'un de ses favoris, nommé Antipatre, qu'il avait élevé aux premières dignités de la magistrature, se faisait teindre la barbe et les cheveux, il le destitua aussitôt, disant qu'on ne devait pas croire qu'un homme qui n'était pas sincère dans ses cheveux le fût dans le maniement des affaires.

Alexandre-le-Grand, fils de Philippe, était du sentiment de son père; apercevant un jour un vieillard qui teignait ses cheveux, il lui dit, qu'il ferait mieux d'étayer ses genoux. Hérode le Grand, qui régna avec tant d'éclat sur les Juifs, avait cette faiblesse; il tâchait de dissimuler son âge en faisant teindre sa barbe et ses cheveux.

Les Romains se rasaient le visage; il n'était pas en leur pouvoir de teindre leur barbe : ils se contentaient de déguiser leurs cheveux; ce qui faisait une bigarrure assez originale. On voyait des têtes noires et des mentons blancs; singularité que Martial n'a pas manqué de censurer.

Il s'est également égayé sur les cheveux teints de ses compatriotes. Il se raille surtout d'un certain Lentinus, qui avait teint ses cheveux blancs afin de paraître jeune, et il lui dit qu'il s'est fait une étrange métamorphose dans sa personne, puisqu'en un moment, de cygne qu'il était il est devenu corbeau.

Il y a dans Ausone une épigramme fort spirituelle, et qui revient assez bien au même propos : en voici le sens. Un vieillard à la chevelure blanche et chenue, nommé Myron, suppliait l'aimable Laïs de lui accorder une de ses faveurs. Elle le refusa. Myron jugeant bien que ses cheveux blancs lui avaient attiré ce refus, les fait teindre en noir, et retourne à la charge. La coquette ne se laissa point surprendre, « Pauvre insensé, lui dit-elle, pourquoi me solliciter de nouveau? ce que vous me » demandez, je l'ai déjà refusé à votre père. »

Non-seulement les perruquiers de Rome avaient l'art d'imprimer une couleur noire aux cheveux blancs ou roux, ils savaient encore leur donner diverses autres nuances. Ils excellaient principalement à rendre les têtes blondes, et le savon de Hesse, si cher aux Allemands, ne leur était point inconnu.

Pour donner plus d'éclat, plus de vivacité aux chevelures blondes, les Romains s'avisèrent de se poudrer avec une espèce de poudre jaunâtre ou raclure d'or. Les empereurs Lucius Verus, Commode et Galien mirent cette mode en grande réputation; ils en furent les premiers esclaves, et les premiers protecteurs.

Ces différents préparatifs avaient sans doute de quoi satisfaire les Romains efféminés; mais il paraît qu'ils étaient sujets à de terribles inconvénients; la force des drogues, qui entrait dans la composition des teintures, devenait par la suite très-funeste à ceux qui avaient imploré son secours : les cheveux desséchés tombaient; l'on était réduit à une triste calvitie.

Heureusement les perruquiers, toujours complaisants, prirent les personnes chauves sous leur protection : les efforts qu'ils firent, pour les embellir, sont même assez extraordinaires. Ils s'imaginèrent de peindre les têtes, de figurer des cheveux avec des pommades, avec des poudres colorées : il eût été trop commun d'employer des cheveux étrangers; on laissa aux femmes cette faible ressource, et ce fut la mode d'avoir des perruques en peinture.

Martial, ce Romain si porté à saisir les ridicules de ses concitoyens, composa une épigramme sur les prétendus cheveux d'un certain Phœbus, qui avait la manie des perruques peintes; il lui protesta avec raison que, pour se raser la tête, une éponge lui serait plus nécessaire qu'un rasoir.

Ces coiffures étaient fort dispendieuses : un rien suffisait pour les déranger; tous les jours elles exigeaient de nouveaux apprêts. Ce fut peut-être pour les conserver qu'on inventa un nouveau genre de perruques, composées avec des peaux de chèvres; invention si commode qu'insensiblement les deux sexes l'adoptèrent.

Peu à peu les nouvelles perruques se perfectionnèrent; on trouva le moyen de les appliquer sur la tête avec tant de dextérité qu'il était fort difficile de distinguer si celui qui les portait avait une chevelure naturelle ou étrangère. Les personnes chauves profitèrent de cette découverte, et se mirent peu en peine qu'on les appelât des têtes chaussées, pourvu que leur calvitie se trouvât déguisée.

Apulée, dans son Ane d'or, livre 11, nous apprend que les perruques n'étaient pas seulement connues des Romains, mais encore des habitants de l'Afrique. C'est ce qu'on voit en lisant la magnifique description qu'il a faite d'une procession de la déesse Isis. « Un autre, dit-il, ayant des escarpins dorés, une robe de soie, des bijoux, » des pierreries, et une fausse chevelure bien cordonnée, contrefaisait la démarche » affectée d'une petite-maîtresse, et démentait son sexe. »

La mode des perruques pénétra pareillement dans l'Asie; les perruques acquirent même une forme très-galante, et il plut aux femmes de les mettre au rang de leurs ornements les plus beaux, les plus précieux.

Rien n'est plus capable de nous donner une idée du goût qui régnait alors parmi le beau sexe, pour les chevelures artificielles, que les déclamations des zélateurs des premiers siècles de l'église.

« Les femmes, s'écrie *Tertullien*, pèchent contre l'être suprême, lorsqu'elles blanchissent leur peau avec des huiles et des pommades, qu'elles mettent du vermillon, » qu'elles noircissent leurs sourcils avec de la suie... J'en vois quelques-unes qui teignent leurs cheveux avec du safran pour les rendre jaunes et enflammés. Elles ont » honte de leur pays : elles sont fâchées de n'être pas allemandes ou gauloises.... » Mais elles en sont bien punies, car la force des drogues dont elles se servent, leur » gâte les cheveux, leur cause une intempérie de cerveau, ensuite de quoi, l'ardeur » du soleil, même la plus bénigne, dessèche et fait tomber leurs cheveux...

» Pourquoi, dit-il ailleurs, ne laissez-vous pas vos cheveux en repos? Tantôt vous » les pressez, tantôt vous les relâchez, tantôt vous les faites bouffer, ou bien vous les » tenez abattus. Les unes prennent plaisir à les friser, les autres à les laisser flotter » sur les épaules.... Vous faites encore pis que cela; vous attachez à vos cheveux » naturels, je ne sais quelles énormités de cheveux étrangers, en forme d'étui et » de fourreau de tête. Je me trompe fort, si ces manières ne combattent directement le précepte du Seigneur : il a prononcé que personne ne pouvait ajouter à » sa taille; cependant vous appliquez de fausses chevelures élevées en rond sur vos » têtes, comme si vous vouliez les armer de boucliers... »

Tertullien se trompait, car les fausses chevelures des femmes eussent-elles été élevées à triple et à quadruple étage, n'ajoutaient rien à la taille dans le sens que l'expose l'écriture : mais les expressions de cet auteur servent toujours à faire connaître les coiffures des femmes de son temps.

Clément d'Alexandrie s'est également déchaîné contre les femmes qui portaient des perruques. Selon lui, le beau sexe ne doit jamais se servir d'autres cheveux que de ceux que le Tout-Puissant lui a donnés. C'est se rendre souverainement impie que de couvrir sa tête avec des cheveux empruntés, la dépouille des morts...

Coiffeurs de tous les Pays.

1.34

Sommaire.

1. Coiffure par Danton, M.bre de l'Acad. de coiffure rue de la Michodière, 14 . . . .

2. Coiffure par Olivier, M.bre de l'Acad. de Coiffure, rue St. Anne, 29 . . . .

3. Coiffure par M.r Pauvert, Coiffeur à Marseille

4, 5, 6 & 7. Aperçus de coiffures exécutées sur les Peignes Diaphanes D E F et G, par Busse, M.bre de l'Acad. de coiffure, r. Vivienne, 13.

8. Porte touffe inventé par Guillaume, M.bre de l'Acad. B.d Italiens 22

Grégoire de Naziance, dans ses vers sur la parure des femmes, blâme aussi les chevelures artificielles, les perruques en forme de tour et d'une hauteur prodigieuse. Entre les éloges que ce père donne à sa sœur Gorgonie, il n'a pas oublié de remarquer qu'elle ne portait ni de ces cheveux frisés, ni de ces chevelures postiches, capables de déshonorer sa respectable tête par leurs déguisements.

« Ma chère sœur, disait *Saint-Ambroise*, ne frisez point les cheveux de votre » tête; ces frisures ne sont point des ornements, mais des crimes : elles sont » plutôt des prostitutions de la beauté que des enseignements de la vertu... Hélas! » combien faut-il aujourd'hui qu'il en coûte à une jolie femme pour plaire aux yeux » des hommes! des colliers précieux doivent être suspendus autour de son cou : il » faut, pour ainsi dire, qu'elle traîne par terre ses habits où l'or brille de toutes parts; » n'est-ce pas là acheter la beauté, plutôt que d'être naturellement belle? Cette » femme n'est-elle pas encore dans l'obligation de se parfumer avec les essences les » plus exquises, de charger ses oreilles de rubis, de colorer ses yeux. Après tant de » changements, que lui reste-t-il de ce qu'elle a reçu de la nature? »

Saint-Jérôme n'a pas été un de ceux qui se sont le moins signalés contre la frisure et les perruques des femmes. Il raconte même à ce sujet une histoire qui dut faire trembler toutes les têtes qui en furent instruites.

Dans une lettre à Démétriade, le même saint s'exprime ainsi : « Lorsque vous étiez » dans le monde, vous aviez soin d'embellir votre visage avec du vermillon et de la » céruse, de friser vos cheveux, et de vous faire une coiffure en forme de tour avec » des cheveux étrangers... Mais puisque dans votre baptême vous avez renoncé au » monde, à Satan... Gardez inviolablement les promesses que vous avez faites dans » cette sainte cérémonie. »

Paulin, évêque de Nole, et ami de Saint-Jérôme, s'est empressé, à l'imitation de son maître, d'inspirer aux femmes de l'horreur pour le blanc, le rouge, la frisure et les chevelures postiches, élevées en forme de tour, qu'il appelle des bâtiments de cheveux.

D'après les témoignages des mêmes auteurs, il semblerait que si les perruques furent chères aux femmes, elles eurent peu de crédit parmi les hommes. Tertullien place, il est vrai, parmi les artifices dont les hommes se servent pour plaire aux femmes, le soin qu'ils ont de bien arrondir, de bien peigner, et même de teindre leurs cheveux, mais il ne parle point des perruques.

« Il ne faut pas s'imaginer, dit Saint-Jérôme, qu'il n'y ait eu que les personnes » fières et arrogantes, à cause de leurs richesses, qui aient été condamnées aux » flammes éternelles. Ceux-là périront aussi, qui se glorifient de leur noblesse, qui » tirent vanité de leurs emplois, qui sont orgueilleux, qui se vantent de leur force, » enfin ceux qui, par une passion et une folie qui ne convient qu'aux femmes, laissent » croître leurs cheveux, s'arrachent le poil, se blanchissent la peau, et consultent » souvent le miroir pour se peigner et s'embellir.

DESCRIPTIONS DES COIFFURES.

N. 1. Coiffure de M. Danton.

Après avoir noué les cheveux au milieu de la tête, on fixe près du lien, un bourrelet ouaté, de 20 à 24 pouces de longueur; avec une mèche de cheveux on couvre une partie du rouleau, puis on forme la masse d'en bas en tournant de droite à gauche : une épingle assujettit le rouleau sur le derrière de la tête. Avec une autre mèche, on continue de couvrir le rouleau, puis on élève une masse ronde sur la droite : une seconde épingle retient le rouleau, afin de pouvoir employer facilement le restant de la chevelure sur ce qui reste du rouleau, qu'on entoure au pied de la deuxième masse qu'elle soutient en l'air. Le chou étant établi, on le lisse bien, et après on l'orne de perles ou d'une chaîne d'or; par devant, les cheveux sont tressés sur les tempes, les nattes retroussées en avant, et des branches de fleurs garnissent l'intérieur des tresses.

On parviendra plus facilement à établir ce chou, en employant un peigne à deux rouleaux montés à charnière, vu qu'il ne faut pas d'épingles, et qu'il suffit de couvrir les rouleaux d'un peu de cheveux.

N. 2. Coiffure de M. Olivier.

On noue les cheveux ; s'ils sont longs, deux torsades suffisent : avec l'une, on forme les deux masses de devant, qu'on étaye avec des épingles doubles, et avec la seconde celle de derrière : ce qui reste de cheveux sert à entourer le pied de la coiffure. Si l'on veut éviter de mettre un aussi grand nombre d'épingles noires, il faut se servir du peigne F, lequel supportant les deux premiers ronds de torsades, sans qu'il soit besoin d'épingles, ne laisse à soutenir, par ce dernier moyen, que la masse de derrière. A l'égard de la pose des épis, elle est toujours la même ; ils sont assujettis sur des épingles qu'on plante dans le lien.

N. 3. Coiffure de M. Pauvert, de Marseille.

Pour que cette coiffure soit solide et présente un aspect flatteur, il est indispensable d'employer les peignes en toile métaliques, dits diaphanes, inventés par Croisat, de Paris. Exécution : Il faut premièrement attacher les cheveux droit à l'épi, les diviser en cinq branches : la première, disposée du côté droit, doit faire le tour du peigne courbe, laquelle bien lissée, bien serrée et prise dans le crochet de côté sert de fondement à la coiffure. La seconde branche doit être tressée en circassienne et assujettie dans le cordon, à l'aide d'une épingle noire ; une épingle cachée dans la tresse, plantée verticalement la tient en l'air, cette natte est ramenée sur le milieu du peigne où elle est tenue par une troisième épingle. Avec le bout de tresse qui reste, on figure une deuxième coque en natte, semblable à la première et placée dans la même direction. Pour les trois dernières branches, disposez d'abord, avec celle du milieu, un *chignon ;* avec les deux autres formez une coquille de chaque côté, et vous obtiendrez trois coques lisses, qui figurent un trèfle sur le derrière de la tête.

PAUVERT.

APERÇU

DE COIFFURE SANS ÉPINGLES

PAR M. BUSSE,

Exécutés sur les peignes diaphanes, inventés nouvellement par Croisat. (Brevet d'invention).

N° 4. Torsade établie sur le peigne G.
N° 5. Double rang en torsades sur le peigne F.
N° 6. Doubles rouleaux exécutés sur le peigne A.
N° 7. Chou à la duchesse, exécuté sur le peigne E (1).

Porte Touffe inventé par M. Guillaume

N° 8. Cet instrument retient parfaitement les peignes, sans casser la denture, vu que c'est un petit ruban qui le fixe sur la tablette, qui est garnie de l'étoffe ; une pelotte contient les épingles : sous la pelotte est un crochet fort commode pour tenir une mèche de cheveux qu'on veut tresser.

(1) Les autres quatre peignes donnent un aperçu de la variété qu'on peut donner aux coiffures sans épingles. Il est inutile de dire que si la coiffure exige quelques épingles lorsqu'on emploie les peignes B, C et H, la tête n'en souffre pas plus pour cela, puisque les plaques sont en toile métallique vernie, tissu qui sert parfaitement de pelote, et où les épingles entrent facilement dans les mailles, sans les casser.

RECHERCHES SUR LES CHEVELURES ARTIFICIELLES DES ANCIENS.

SUITE ET FIN.

Nous lisons dans les actes de Saint-Tiburce, que cet illustre martyr récusa un témoin nommé Torquatus, uniquement parce qu'il avait soin de nourrir ses cheveux, qu'il était toujours entre les mains d'un barbier, et marchait d'une manière molle et efféminée...

Tout ceci prouve assez la coquetterie des hommes, mais on ne voit pas qu'elle les eût engagés à se parer avec des chevelures artificielles. La perruque d'un certain particulier, dont parle *Saint-Astère*, prouve seulement que cet ornement servait pour les déguisements. En effet, dans le tableau que ce prélat nous a laissé sur les folies qui se faisaient le premier jour de l'an, il a placé un homme qui prend une robe traînante, une ceinture, des souliers, et une perruque de femme.

Ce ne fut qu'à la faveur de la calvitie que quelques têtes perpétuèrent l'usage des chevelures postiches. L'épigramme de *Festus Avienus*, sur un accident arrivé à la perruque d'un cavalier chauve, un jour que le vent soufflait très-fort, en est une preuve assurée.

Ce que *Saint-Maxime*, évêque de Turin, mort vers l'an 460, raconte des superstitions de son temps, semblerait aussi indiquer que la religion payenne avait pris les chevelures postiches sous sa protection. « Si de la maison, dit ce prélat, vous » passez jusque dans les champs, vous y trouverez des autels de bois, des statues » de pierre. Si vous vous y transportez de grand matin, et que vous y trouviez le » paysan plein de vin, vous devez en conclure que c'est un des serviteurs de Diane, » ou un homme adonné aux aruspices. Ceux qui sont dévoués au culte de cette » déesse s'enivrent par précaution, afin qu'ils ne sentent pas les coups qu'ils se don- » nent. Un dévot à Diane, a la chevelure courte, hérissée et composée de cheveux » faux, la poitrine nue, les cuisses à moitié découvertes. Il est préparé au combat » comme un gladiateur, et porte un instrument de fer en sa main, pour se déchirer » à force de coups. »

Ces paroles sont en quelque sorte le dernier monument qui nous reste sur l'usage des chevelures artificielles, et c'était à cette époque que je comptais terminer mes recherches sur les perruques des anciens, mais quelques matériaux, que j'ai découverts, m'ont décidé à prolonger mon travail jusqu'au retour des perruques sur la tête des Français.

Le goût pour les cheveux étrangers se renouvela dans le douzième siècle. La manie des longues chevelures, qui s'empara alors de presque toutes les têtes, fut cause de cette révolution.

« Anciennement, » dit Zonare, moine grec, mort au commencement du douzième » siècle, « les hommes ne donnaient point tous leurs soins comme ils font aujour- » d'hui, à laisser croître leurs cheveux, à les boucler, à les faire descendre jusqu'à » la ceinture, ainsi que les femmes le pratiquent. Non-seulement les hommes ne se » coupent plus maintenant les cheveux, mais ne pouvant souffrir que le ciseau passe » sur leurs têtes, ils cherchent avec passion, avec emportement tous les secrets » imaginables pour se procurer de longues chevelures, des chevelures flottantes. Les » uns les frisent avec le fer, les autres les teignent pour les faire devenir d'un blond » doré, les autres les trempent dans l'eau, les tiennent étendues, ensuite il les font » sécher au soleil afin de leur faire perdre leur noirceur naturelle. Il y en a qui se » font raser la tête pour prendre des perruques, et ces excès sont presque universels. » Balzamon, auteur du même siècle, s'exprime plus succinctement que le moine

Zonare, mais il parle comme lui de ceux qui, de son temps, bouclaient leurs cheveux, les entortillaient, les faisaient teindre, les trempaient dans l'eau, qui, en quelque manière que ce fût, essayaient de les faire bouffer et de les rendre plus beaux, ou qui en ajoutaient d'étrangers.

Yves de Chartres nous apprend que, dans le même siècle, la mode des perruques s'introduisit en France. « Les hommes, dit cet auteur, sont habillés d'une manière » impudique, lorsqu'ils portent de longues et de fausses chevelures, qu'ils affectent » de se vêtir comme les femmes, et qu'ils chaussent des souliers d'une longueur » extraordinaire. Les femmes, de leur côté, sont habillées d'une manière impudique » lorsqu'elles se fardent le visage, qu'elles ont des habits semblables à ceux des » hommes, et qu'elles portent des cheveux qui ne leur sont pas naturels... Cet habit » est un déguisement dans l'un et l'autre sexe, il est indigne de la société des noces » saintes de l'église.... Les évêques, les prêtres, les prédicateurs ne doivent point » tolérer de pareils désordres : au contraire, ils sont obligés de les reprendre publiquement, de crainte qu'on ne dise d'eux qu'ils sont des chiens muets qui ne sauraient aboyer. »

Les révolutions arrivées aux cheveux des Français empêchèrent les perruques de se perpétuer sur la tête des hommes ; mais elles conservèrent toujours leur empire sur celle des femmes. *Alexandre de Halès, et Bernardin de Sienne*, qui tous deux ont examiné, le premier, dans le treizième, le second dans le quinzième siècle, si c'est un péché mortel ou véniel de mettre du fard, et de se parer avec des cheveux étrangers, accusent les femmes de donner dans de pareils excès.

Je le repète, l'usage des cheveux postiches a été dans tous les temps plus universellement reçu parmi les femmes que parmi les hommes. Il était réservé au siècle dernier d'introduire la mode contraire. Il paraît même que les femmes ont rarement porté des perruques entières. Chez presque toutes les nations, elles se sont contentées d'associer à leurs cheveux naturels, des cheveux étrangers. Cette mode régnait à Londres dans le quinzième siècle. Le seizième la vit régner en France, et ce serait par cette dernière remarque que je terminerai mes recherches sur l'antiquité des perruques si je n'avais publié un article historique de Normandin. *Voy.* page 9 de l'ouvrage.

DESCRIPTIONS DES COIFFURES.

La coiffure, longtemps stationnaire vient enfin de faire un pas vers un chemin nouveau. Ce ne sont plus des coques hautes d'un pied, étayées par des fourches menaçantes que nous faisons à nos dames, ni des quantités de petites masses, ni des tresses en forme de paillasson, aujourd'hui, ce que nous faisons, ce sont des rouleaux lisses, des nattes circassiennes ou bien des torsades enlevées, toutes choses qu'on établit facilement sur les peignes diaphanes, ainsi qu'on le voit par la planche qui fait partie de cette livraison. On parvient aussi à rendre toutes ces nouvelles coiffures à l'aide d'épingles et de rouleaux ouatés, mais cela complique le travail.

N. 1. Coiffure de M. Gaudereau.

Les cheveux sont noués et divisés en quatre parties égales, un bourrelet fixé à la droite du cordon, s'élevant assez haut sur le devant, assujetti par une épingle simple de chaque côté de la coiffure, et étayé par une épingle double vers le milieu, est couvert par deux mèches. C'est sur ce bourrelet que sont bâties les coques formant *torsade-creuse*, lesquelles coques ne tiennent qu'à l'aide du fil de perle qui les enveloppe, en entourant le rouleau, au fur et à mesure qu'on les forme; ce fil de perle contient un gland à chaque bout qu'on laisse flotter par derrière, chose qui donne de la grâce à cette composition; pour le coiffage des côtés, les cheveux sont noués et divisés en deux mèches, l'une sert à former la coque et l'autre la tresse, une fleur légère s'entremêle à ces deux masses de cheveux qui sont entourées par un lisse, formé avec l'excédant de la mèche qui sert à faire la coque.

N. 2. Coiffure de M. Testu, de Bordeaux.

Pour établir cette coiffure qui n'exige qu'une seule épingle, on commence par nouer les cheveux, puis on pose un peigne à double rang de lances, les dents passant sous

101

Coiffeurs de tous les Pays.

Sommaire.

N.° 1. Coiffure exécutée par M.r Gaudereau, rue N.ve S.t Eustache.

N.° 2. Coiffure exécutée sur un peigne Diaphane à Lances, par Testu, de Bordeaux.

N.° 3... id. .... id. .. id. .. id. ..... id à 2 rouleaux, par Busse, rue Vivienne.

N.° 4... id ..... id. .. id. .. id. ..... id à 1 rouleau, par Croisat, ...

N.° 5... id. .... id. .. id. .. id. ..... id à 2 rouleaux, par le même, ...

le cordon; si les cheveux sont longs on les emploie tous en une seule *corde à puit*, si au contraire ils sont courts on en fait deux cordes, cela fait, on couvre le rang de lance supérieur puis celui d'en bas, on rentre les pointes des cheveux sous la baguette du peigne, et une branche de petites fleurs, ou bien de feuillages, assujettie sur une épingle double un peu forte, qu'on pique dans le cordon, termine cette coiffure nouvelle, qui est extrêmement légère, surtout, vue de profil.

N. 3. Coiffure de M. Busse.

Membre de l'Académie.

Cette coiffure qui s'adresse à une jeune personne, riche de fraîcheur, et aux cheveux bien plantés sur le front, tient de l'italien par l'auréole de boule qui entoure le tortillon lisse. Exécution: nouer les cheveux, rabattre une mèche sur laquelle on pose un peigne diaphane à deux rouleaux. Du reste de la chevelure qu'on divise en deux parties, en couvrir les deux rouleaux; avec la première mèche qui se trouve devant le peigne, en former une coque qui passe dans les deux ronds, et avec les pointes des cheveux entourer le pied de la coiffure, soit en lisse, soit en natte, cinq épingles d'or sont plantées sur les grand rouleaux, une seule est piquée sur le derrière de la coque de l'intérieur du chou.

N. 4. Coiffure de l'éditeur.

Cette coiffure, rappelle celles qu'on portait au temps des *Sévigné*. Exécution, nouer les cheveux à la hauteur du sourcil, rabattre une mèche, et y poser un peigne diaphane à un seul rang de lances, poser sur les dites lances une torsade, remplir le vide par une coque formée avec la mèche rabattue en premier lieu, laquelle coque liée au près du cordon à l'aide d'une petite mèche, laisse, pour peu que les cheveux soient longs, de quoi faire le petit chignon, masse qu'il faut rouler en dessous pour que les petits cheveux ne rebroussent pas.

N. 5. Coiffure composée par l'éditeur.

Cette coiffure est faite dans le goût du temps passé (l'ancien régime); ici on reconnaît facilement la pose des plumes de nos grand'mères, et le chignon à la dévote surmonté d'un autre petit chignon: nos aïeuls ne connaissaient que des chignons, deux choses modifie cependant cette composition, ce sont les deux rouleaux entourés de perles d'or qui sont faits sur un peigne diaphane, et les tirbouchons brisés qui garnissent les tempes. Pour l'exécuter il faut nouer les cheveux assez bas, et les diviser en quatre parties; avec deux mèches on couvre les deux rouleaux, avec une troisième qu'on rabat sur le cordon, on fait une petite coque *bien nourrie*, mais sans la faire passer dans les rouleaux, les pointes des cheveux restent flottantes. La quatrième mèche sert à former le chignon qu'on replie en dessus afin qu'il soit flottant, et non appliqué contre la tête. Toutes les pointes réunies sont employées au pied de la coiffure, où elles sont indispensables, vu la nécessité de presser le chignon par le haut, afin de l'empêcher de s'ouvrir. Les trois marabouts réunis ensemble tiennent par une épingle plantée à travers le rouleau diaphane.

Pour obtenir que les boucles se renversent sans se crever, il faut avant de rouler les cheveux en frisure, les crêper parfaitement, et, après avoir formé un large tire-bouchon, ouvrir le haut de la boucle, puis la renverser avec hardiesse et d'un seul coup.

DÉPILATOIRE.

La connaissance des dépilatoires n'est pas étrangère à l'art du baigneur; dans tout l'Orient ce n'est guère qu'au bain que cette opération est pratiquée. Comme on ne trouve presque aucun détail sur ce sujet, dans les pharmacopées modernes, nous croyons devoir y consacrer ici un article spécial d'autant plus que le dépilatoire ainsi que la teinture des cheveux, en France, est tout à fait du domaine du coiffeur.

Il arrive souvent qu'il croît des cheveux sur des parties de la tête ou du corps où ils n'ont pas coutume de se montrer. Tantôt c'est vers le milieu du front, tantôt sur toute la nuque; chez les dames, au menton, etc. C'est pour les faire disparaître que l'on a formulé des topiques qui ont reçu le nom de *dépilatoires*. Ce sont des caustiques plus ou moins forts qui détruisent les cheveux. Si les caustiques sont légers, ils bornent leur action aux cheveux en enflammant seulement l'épiderme; dès lors, la régénération de cheveux a lieu puisque le bulbe n'est pas détruit; car, pour que celui-ci soit détruit, il faudrait que la peau fut désorganisée; il faudrait donc qu'un épilatoire fut un véritable caustique, qui ne serait pas toujours sans danger. Ainsi, quoiqu'en disent tant de charlatans qui colportent effrontément en tous lieux leurs prétendus épilatoires spécifiques, les effets de ces divers topiques ne sont que temporaires.

Dans les anciens ouvrages on trouve une foule de dépilatoires dont la chaux vive, l'arsénic ou l'orpiment (sulfate d'arsénic) sont presque toujours la base. Ainsi Mensycht a conseillé un onguent fait avec la chaux; on a conseillé aussi les sucs d'acacia, des euphorbes, de persil etc., unis à l'huile, les œufs de fourmis, la solution de la gomme du cerisier, etc. L'expérience a démontré l'inefficacité de ces divers moyens. Voici maintenant le formule de ceux qui ont le plus de réputation.

Dépilatoire de Lemery.

Chaux vive en poudre.	4 onces.
Orpiment id.	1 once.
Lessive des cendres des tiges de fèves.	2 livres.

Incorporez ensemble et faites évaporer jusqu'en consistance de pâte liquide. Pour reconnaître si le dépilatoire est à son point on y trempe une plume avec ses barbes. Si en la retirant les barbes s'en séparent sans effort, il est à son point convenable.

Alors on applique la pâte sur l'endroit à dépiler et après sept minutes de séjour, on l'enlève au moyen d'une éponge trempée dans l'eau chaude, puis on lave avec de l'eau de son, ou bien avec un jaune d'œuf, une décoction de guimauve, de lin, etc.

Les récits des voyageurs attestent que les Orientaux possèdent un dépilatoire très-employé par les dames turques, dans les sérails, de la préparation duquel ils font un grand secret; on le nomme *Rusma;* voici les formules qu'en a données Cadet de Gassicourt, dans le dictionnaire des sciences médicales.

RUSMA

Dépilatoire des Orientaux.

Connu des Arabes et des Persans sous les noms de *Nure, Nuret, Nouret*

Chaux vive.	2 onces.
Orpiment ou réalgar (sulfate d'arsénic).	4 gros.

Faites bouillir dans une lessive de soude assez forte jusqu'à ce qu'en y plongeant une plume la barbe s'en détache. On l'applique comme le précédent,

Dans les sérails, on emploie le *Rusma* de la manière suivante : d'abord on varie les doses des principes constituants suivant l'âge des personnes, la finesse de la peau et la couleur des cheveux. Ainsi, l'on met quelquefois une once d'orpiment sur huit de chaux vive, d'autres fois, pour le rendre plus actif, une partie du premier sur quatre ou cinq du second. Il en est qui en font une pommade avec le saindoux qu'on aromatise avec une huile essentielle; plus généralement, on y ajoute un huitième d'amidon ou de farine de seigle, avec suffisante quantité d'eau chaude pour en faire une pâte qu'on applique sur les parties poileuses; on l'y laisse pendant quelques minutes en ayant soin de l'humecter, afin qu'elle ne sèche pas trop vite. Si le poil se détache avec facilité, l'opération est terminée; on lave, etc., comme nous l'avons déjà dit.

CONSIDÉRATIONS

SUR LES

DIVERSES MANIÈRES DE SÉPARER LES CHEVEUX.

PREMIÈRE LEÇON DE L'ART DE COIFFER.

La manière dont on sépare les cheveux exerce sur le visage une influence plus ou moins agréable. C'est pourquoi j'ai fait précéder le chapitre sur la coupe de quelques détails sur les différentes séparations

Une raie droite sur le milieu de la tête, comme on le voit dans les portraits des reines françaises de la première race, ainsi que dans la Vierge de Raphaël, donne toujours de la douceur à la physionomie : cette raie convient particulièrement aux figures allongées. Les cheveux s'élevant en racines droites sur le milieu du front, donnent de la longueur au visage et un air ouvert : cette manière de les arranger (demi-chinoise) ne s'adresse qu'aux personnes qui ont le visage court ou arrondi. Dans ces dernières têtes, il faut considérer la forme du front, car s'il n'est pas uni et qu'il offre une forte protubérance de chaque côté (signe de malice ou de sagacité), il y a de l'inconvénient à le découvrir, parce que cela développe trop lesdits organes; dans une jeune personne, comme il faut surtout, cette faute serait insupportable.

La raie en cœur, lorsqu'elle est bien pointue et qu'elle descend bas sur le front, donne l'air ignoble à une femme qui a le nez long et effilé. Une ligne qui se prolonge depuis le front jusqu'au derrière de la tête, exige une conformation régulière. La raie sur le côté ne s'harmonise qu'avec les physionomies gracieuses. Lorsque la séparation monte bien haut, la tête manque de grâce. Une tête aplatie par derrière ne souffre pas que la raie monte jusque sur les oreilles : le volume du crâne paraîtrait trop petit; cependant ce défaut peut être corrigé par le tournant des cheveux.

Dans une tête allongée par derrière, comme celle des bossues, la raie doit être droit en travers de la tête, et faite assez haut pour que, vue de profil, la forme soit corrigée.

Peu de cheveux sur le front donnent de la douceur au visage : voyez les portraits des femmes de la cour de Louis XIV; elles n'ont, généralement parlant, qu'une légère bordure de cheveux bouclés sur le devant de la tête.

Si la mode commande de faire des tire-bouchons par derrière, tirez une ligne à partir d'une oreille à l'autre; cela vous fournira de quoi former la coiffure connue sous la dénomination de *Sévigné*. Dans une séparation semblable, il faut considérer la forme du cou : s'il est long, la raie pourra être droit en travers; s'il est court, il faudra tirer une courbe de chaque côté, afin de former une pointe dans le creux de la fossette, ce qui, rejetant tous les cheveux de chaque côté du cou, en dégage tout-à-fait le derrière.

Pour faire les bandeaux de la Ferronière, il ne faut tirer qu'une seule ligne de séparation dans le milieu; mais on peut imiter cette coiffure difficile en séparant une partie de cheveux de devant ainsi qu'il suit. Avec la mère-dent du peigne, fendre les cheveux à partir de l'épi (finission) jusqu'à la tempe, au-dessus de l'œil; en faire autant de chaque côté; et, après avoir relevé les cheveux de derrière, former les bandeaux. Qu'on essaie de ce moyen, et l'on verra qu'ainsi séparés les cheveux de devant couvrent parfaitement la ligne de séparation, et qu'il est facile de faire seul une coiffure qui par sa nature exige le secours de quelqu'un pour tenir les bandeaux.

DE LA TAILLE

DES CHEVEUX DES FEMMES.

2e LEÇON DE L'ART DE COIFFER.

De la coupe des cheveux dépend l'accommodage, disait-on autrefois; cette vérité, quoique frappante, n'en a pas moins été méconnue de la plupart des modernes coiffeurs.

Si on voulait remonter à la source de l'oubli des bons principes, on s'apercevrait bientôt qu'aujourd'hui nous sommes moins enthousiastes de notre art que ne l'étaient nos pères. En effet, avec quelle symétrie ils divisaient leurs mèches de cheveux pour les élaguer, de plus ou moins prés des racines, selon que l'on voulait faire des *boucles*, une *vergette*, une *physionomie*, ou bien un *tappé!* Que de temps ne passaient-ils pas à effiler, à l'aide de petits ciseaux, tous les cheveux du devant de la tête! Jamais ils ne coupaient deux cheveux à la fois : aussi le coiffage était-il toujours léger, et, quelle que fût la mode, rendait-il toujours l'effet de la coupe demandée.

Aujourd'hui, comment les choses se passent-elles?.. Un coiffeur est appelé pour arranger les cheveux d'une dame; il arrive chez elle, lui sépare les cheveux, en cœur ou en pointe, sur le front, selon que cela lui vient à l'idée, armé de ciseaux de huit à dix pouces de longueur; en quatre coups il taille ses deux touffes; les cheveux sont sitôt papillotés, que c'est à peine s'il a pu penser à effiler et tailler ses mèches par étages. Aussi, la plupart du temps, comment les touffes se crèpent-elles? et les tire-bouchons à la Sévigné, comment se font-ils? On ne voit presque jamais de ces touffes soufflées, de ces boucles soulevées par un léger fond de vermicelle, comme le faisaient si bien les anciens, en fouettant ou en repoussant les pointes vers les racines On ne voit pas non plus de ces tire-bouchons transparents, comme s'en voilaient le front les Ninon, les Lavalière. En un mot, aujourd'hui la taille étant considérée comme un point secondaire de l'art, presque toutes les coiffures, sous le rapport du frisage, portent le cachet de l'amateur.

Je sais que l'habitude qu'on a prise des coiffures sévères du moyen âge, a dû habituer les yeux à des effets fortement dessinés, et ajouter à la tendance que nous avions pour la coiffure matérielle.

On m'objectera peut-être que, sous certains rapports, dans la pose des nattes et des coques, par exemple, nous avons plus de grâce et de légèreté que nos devanciers à épée. Je ne discuterai pas les progrès que nous avons faits dans la construction des coiffures, mais je dirai que nous négligeons terriblement la coupe, et que, pour peu que cela continue, nous perdrons tout-à-fait la tradition du coup de ciseau qui fit la gloire de notre art.

Avant d'entrer en matière sur la coupe, je crois utile de dire un mot sur les phases diverses qu'a parcourues cette partie intéressante de notre état.

La coupe des cheveux avait lieu bien avant qu'on n'eût l'idée de se faire raser la barbe : mode qui vient de l'Orient, et qui s'introduisit chez les Grecs à l'époque des conquêtes d'Alexandre.

Il y eut des gens qui coupaient les cheveux avant qu'on ne connût les barbiers : Beckmann et Schneider ont fourni sur cela quelques remarques très-circonstanciées.

Les Romains aussi bien que les Grecs se faisaient couper les cheveux longtemps avant de se faire raser. Ces derniers avaient plusieurs manières de les porter; pour les couper on se servait de rasoirs de diverses grandeurs, et non de ciseaux. *Lucien*, en parlant de l'apparat de la boutique d'un barbier, fait mention d'une grande quantité de rasoirs à couper les cheveux. La coupe la plus élégante, dit Pollux, est celle faite avec un rasoir.

L'usage de se servir du rasoir pour la coupe s'est perdu graduellement; dès la renaissance, on finit même par ne plus employer cet instrument que pour émécher.

Sous les règnes des Louis XIII, XIV, XV et XVI, on effilait les cheveux avec des ciseaux pointus : le rasoir ne servait plus que pour tailler, en mourant, les dernières pointes qui échappaient des mains ; sous le consulat et l'empire, on adopta les grandes cisailles ; et aujourd'hui le rasoir n'est utilisé par les coiffeurs que pour la taille des perruques et des faux toupets.

Je rentre dans mon sujet, et je reviens à la coupe. Pour obtenir une coiffure gracieuse et légère, on doit effiler dans toute leur longueur les cheveux qu'on destine à la frisure. Pour obtenir une coiffure lourde et caractéristique, on doit les tailler carrément, ou bien ne les effiler qu'à l'extrémité, afin que les pointes forment bien le crochet : cette dernière coupe est la plus expéditive ; c'est aussi celle que l'on a généralement adoptée. Mais comme elle ne convient pas à toutes les femmes, non-seulement parce qu'elles ne se coiffent pas toutes de la même manière, mais encore parce que tous les cheveux n'ont pas la même disposition à friser, je décrirai succinctement la manière de procéder à l'une et à l'autre coupe.

COUPE ORDINAIRE.

Après avoir fait la séparation du devant de la tête et égalisé les touffes en épaisseur, on peigne les cheveux devant la figure, les deux côtés confondus ensemble, et réunis dans les deux premiers doigts de la main gauche, le pouce appuyant sur l'index, afin que la mèche n'échappe pas : dans cette position, on repousse vers la racine ce qu'il y a de *courtaille*, et, avec des ciseaux qu'on tient de la main droite, on coupe à pleine lame, près des doigts, et en chevauchant un peu, la chevelure, qui alors se trouve un peu effilée et coupée d'égale longueur. Cela fait, on tire la ligne de séparation, et, ramenant les cheveux sur les tempes, on vérifie les touffes pour y faire les rectifications nécessaires ; car le premier coup de ciseau n'a pour objet que de mettre les deux touffes, comme disaient les anciens, d'*égalité* : par ce moyen on évite aussi l'inconvénient *grave* qu'il y a à tailler les cheveux par mèches, et qui consiste presque toujours à faire couper trop courts les cheveux des échancrures (angles frontaux), chose qui sied fort mal, et qui ôte à la touffe toute sa solidité ; car, du moment que la mèche du bas de la tempe et la premiere boucle du devant du front n'ont pour intermédiaire que de tout petits cheveux, le moindre souffle renverse une partie des boucles en arrière, et la frisure ne tient jamais.

COUPE DE CHEVEUX AUX PETITS CISEAUX.

C'est cette coupe de cheveux qui convient aux cheveux difficiles à faire friser ainsi qu'aux coiffures neigeuses. Pour procéder régulièrement, il faut séparer les cheveux et les mettre d'égale longueur, ainsi qu'il est dit ci-dessus ; et, après avoir mis les touffes en place, on les relève à rebrousse-poil, pour les fouetter avec le peigne et les effiler avec la pointe des ciseaux, par très-petits coups, dût-on s'y reprendre à plusieurs fois.

On peut étager une touffe sans la relever, en prenant les cheveux par mèches et en travers ; mais ce moyen est plus lent, et il est susceptible de faire faire des coches aux cheveux : tandis qu'avec le premier, c'est-à-dire en taillant sa touffe relevée, on est certain, lorsqu'on remet les cheveux à leur place, de les trouver parfaitement étagés, et sans qu'il y ait le plus petit coup de ciseau.

En effilant, il est une précaution à prendre : c'est celle de donner son coup de pointe en allant du côté de la tête, et non en s'en éloignant, parce que cela tire les cheveux et fait souffrir la personne (1).

Après avoir réuni la touffe dans la main pour s'assurer si, en masse, les mèches se présentent convenablement, on peut, pour juger la manière dont les cheveux ont été effilés, les fouetter avec le peigne dans toute leur longueur, avant de mettre les papillotes, car une fois les cheveux frisés, les défauts paraissent moins.

Pour faire des repentirs, on prend les mèches séparément ; et, si l'on veut obtenir une légère bordure d'anneaux sur le front (mode de Lavalière), il faut prendre, autant que possible, les cheveux naissants. Dans tous les cas, ces petits cheveux

(1) On a toujours remarqué ce défaut dans la taille au rasoir.

doivent être taillés avec la plus grande attention, et surtout avec de petits ciseaux; car le moindre coup avec de grands ferait tomber une boucle.

NEUF COIFFURES

EXÉCUTÉES SUR DES PEIGNES DIAPHANES

par Croisat.

Lettre A. — Cette coiffure est faite sur un peigne diaphane à deux rouleaux.

Exécution. Nouer les cheveux; rabattre une petite mèche en avant; poser le peigne dessus, les dents passant sous le cordon; couvrir les rouleaux avec des mèches lisses. Si la chevelure est courte, on peut écarter les tournants sur les rouleaux, parce qu'avec une seconde mèche on couvre les parties du rouleau qui étaient restées à découvert. La mèche rabattue en avant sert à former la coque, qui traverse les rouleaux, ainsi que le chignon établi au bas de la coiffure. Ces rouleaux couverts de perles ou de chaînes d'or produisent un superbe effet.

Lettre E.— Cette coiffure est faite sur un peigne à un seul rouleau, lequel rouleau, portant plusieurs piques, soutient la tresse qui l'entoure entièrement.

Lettre C. — Un peigne à un seul rang de piques sert à établir cette coiffure, composée d'une corde à puits enlevée, et d'un lisse entourant le dossier dudit peigne. Coiffure de jeune personne.

Lettre H. — Ce peigne, ayant en petit la forme des peignes couronne connus depuis cinq ans, est garni de trois piques au haut de la plaque. Pour exécuter la coiffure, on entoure le peigne d'une mèche de cheveux; on fait une tresse en trois ou bien en cinq, à la manière grecque, laquelle, partant du centre du peigne, vient se diriger en avant en se prenant à la pique du milieu. Ladite tresse passe par derrière le peigne, et vient croiser en avant sur le premier tour. Si les trois piques qui garnissent la galerie du peigne ne suffisaient pas à la construction de ce chou, la toile étant à jours, on pourrait piquer deux épingles doubles à travers toute la coiffure; cela donnerait toute la solidité désirable.

Lettre I. — Deux coiffures sont exécutées sur des peignes marqués de la lettre I; l'une est en torsades, et l'autre en rouleaux lisses Pour les exécuter, il suffit d'avoir des cheveux de trois quarts, afin de former une longue torsade, ou bien un rouleau qui puisse couvrir les trois branches dont se compose la galerie dudit peigne. Si l'on n'a que des cheveux de 22 à 24 pouces, on fait deux cordes ou rouleaux; cela produit le même effet. Dans l'un et l'autre cas, une épingle suffit pour l'exécution de la coiffure. C'est celle indispensable pour arrêter le bout des cheveux.

Lettre K. — Un lisse entoure la plaque diaphane du peigne, laquelle, dominée par une branche garnie de trois peignes, soutient la corde à puits qui couronne avec élégance cette coiffure, de mode aujourd'hui.

Lettre L. — Les cheveux noués sur la ligne sourcilière, on pose le peigne; puis on divise la chevelure en trois parties, dont on forme trois rouleaux : le premier est posé sur le rang de piques d'en haut; le deuxième, sur le second rang, et le troisième, sur celui d'en bas. Tous les bouts de cheveux servent à former le quatrième rouleau, qui ferme le bas de la coiffure.

Lettre M. — Passer une mèche de cheveux au travers des ouvertures pratiquées dans ce peigne, laquelle mèche sert à faire une ou plusieurs coques, selon qu'elle est longue; faire la même chose tout autour de la galerie, en ayant bien soin de crêper les coques, pour qu'elles aient du soutien. Avec une mèche que l'on doit se réserver, on entoure la plaque du peigne, et l'on fait une coque au milieu du chou.

Cette composition, tout en lisse, qui offre plus de solidité qu'aucune coiffure connue jusqu'à ce jour, s'harmonise parfaitement avec les touffes à la Lavalière.

Les fleurs qui font le mieux parmi ces coques de cheveux, sont des roses sans feuilles placées entre elles comme pour les séparer.

101

Coiffeurs de tous les Pays.

On souscrit à la Direction, Rue Croix des Petits Champs, N.° 2. vis-à-vis celle du Coq.

Nœuds de Cheveux exécutés par Croisat, sur les Peignes Diaphanes A, E, G, H, I, K, L, M.	N.° 1. Coiffure de M.r Farge-Andrieu, à S.t Pétersbourg.
	2. . id. . par M.r Elie à côté des Goblains.
	3. . . id. . par M.r Lefevre, rue des Prouvaires, 8.

101
Livraon
Coiffeurs de tous les Pays
1837
8
5
4
9
7
6
11
10
Sommaire.
Coiffures exécutées par Croisat,
8 Coiffure en Coques, ornée de fleurs ....
4 . . id. . . exécutée sur le peigne . . . K
5 . . id . . . id. . sur le peigne . . N
6 . . id. . . . composée de trois Coques-Coquille.
7 . . id. . . exécutée sur un peigne à 4 rouleaux
9 . . id composée d'une coquille & d'un chignon flottant
10 . . id . . exécutée sur le peigne L
11 . . id. . . . id . . id. . . id. L

DESCRIPTION DES COIFFURES.

N. 1.—COIFFURE DE **M. FARGE-ANDRIEU,** DE SAINT-PÉTERSBOURG.

On est tout étonné de voir sortir des coiffures gracieuses et légères de la main d'un artiste russe, en considérant la sévérité du costume national de son pays, et en se rappelant la simplicité des mœurs moscowites. Le *kakochenik* en velours, lequel s'élève en auréole et d'où s'échappe un long voile blanc; la *séraphane* (sorte de robe à manches pagodes) et les larges souliers de feutre, la mise des femmes du peuple, en un mot, ne fait pas supposer un goût bien raffiné ni une imagination bien extraordinaire chez un ministre de la toilette.... Mais quand on a sous les yeux le portrait de la femme du czar, ou bien qu'on a vu quelques grandes moscowites en costume de présentation, on voit les choses d'une manière bien différente, et l'on est bientôt convaincu qu'à la cour du successeur d'Alexandre on sait parfaitement unir l'élégance à la sévérité.... C'est dans les toilettes de fantaisie surtout qu'il faut voir se développer le goût des grandes dames de Saint-Pétersbourg. Là, autant les fortunes sont colossales, autant la recherche et la symétrie sont grandes. Là, comme dans presque toutes les villes du monde, on suit les modes de Paris, mais avec cette différence qu'on n'en adopte jamais que celles qui contiennent véritablement un cachet de haute distinction, que celles qui sont en harmonie avec la richesse des belles parures de pierreries et perles fines qu'on y trouve en très-grand nombre, et montées avec le goût le plus exquis.

Exécution de la coiffure. Tordre les cheveux, élever sur tige une mèche un peu forte. Cette opération se fait ainsi qu'il suit : on entoure le pied de la mèche d'un ruban ou d'un peu de cheveux; on l'étaie avec une épingle double qui est plantée dans le tournant. Cela fait, on divise ladite mèche pour en former les deux coques des deux côtés. Une lame de cheveux crêpée *serré* termine ce chou, tout en cachant la ligature qui tient en l'air les masses faites précédemment. La petite fleur est ajustée sur une forte épingle plantée dans le tournant; celle de côté (l'agrafe) est garnie à sa tige d'un lisse qui, pour l'œil, lui donne de la solidité.

Pour former les deux boucles il faut, après les avoir crêpées et posé les petits peignes sur lesquels sont montées les roses qui décorent le devant, rouler la frisure comme pour faire un long tire-bouchon, et, sans quitter les mains, l'ouvrir par le haut, afin que d'un seul mouvement elle puisse être renversée sans qu'il se forme de crevasse : une épingle à la neige suffit pour tenir en respect les cheveux autour de la fleur.

N. 2. — COIFFURE DE **M. ÉLIE,** près les Gobelins.

Coiffure *semi-gothique:* ornée d'une couronne à la Don Juan.

Cet ornement doit être fixé ainsi qu'il suit : une petite mèche de cheveux de chaque côté, et une vers le haut des bandeaux, sont laissées pour être rabattues sur la tige de la couronne, puis conduites en arrière, ce qui fait un enlacement parfait. Une troisième mèche sur le sommet de la tête dispenserait d'une petite épingle qu'on y met ordinairement. Dans une exécution semblable, faisant les coques au cordon, et posant la couronne à l'aide de petites mèches, il ne faut qu'une seule épingle qui sert à fixer la fleur posée en premier lieu.

N. 3. — COIFFURE DE **M. LEFÈBRE.**

Dans cette coiffure il y a quelque chose qui rappelle celles des femmes de la Germanie, à l'époque de l'invasion des Romains; coiffures pour la plupart composées de tresses imitant les cornes d'un luth; mais la branche de fleur, la coque-coquille, la couleur des cheveux et les frisures flottantes n'ayant aucun rapport avec ce qui faisait l'ornement de ces belles rousses dont parlent les historiens ; peu d'Allemands peut-être reconnaîtraient ici l'intention de l'auteur.

Exécution. Nouer les cheveux assez bas ; former deux tresses *grecques* que l'on dirige, l'une à droite et l'autre à gauche, toutes deux formant l'anneau : les bouts entourent le bas desdits anneaux, et leur donnent par ce moyen de la consistance. Avec une mèche qu'on s'est réservée, et que l'on crêpe bien en dessus, on forme la coque, qui ne se détache de la tête que parce qu'on fait passer une mèche au travers ; puis, en revenant d'entourer la coiffure, ladite mèche passe sous la coque et l'éloigne de l'occiput. Les touffes ne sont crêpées que sur les tempes, car les bandeaux sont lisses comme dans une coiffure *à la Malibran*.

Dans la pose de la fleur, il faut considérer la forme du cou, parce que, s'il est long, on doit descendre la branche assez bas ; tandis que, s'il est court, elle ne devra pas dépasser la touffe.

N. 4 A 11. — COIFFURES DE **M. CROISAT.**

Coiffure du genre *gracieux* faite sur peigne K.

Exécution. Après avoir noué les cheveux assez haut derrière la tête, il faut poser le peigne, le dossier appuyant sur le cordon. Avec une petite mèche de cheveux, couvrir la plaque dudit peigne ; et du restant de la chevelure, qui est natté en *Circassienne*, ou bien natté en trois branches, couvrir le petit cercle garni de piques, qui s'élève coquettement au-dessus de la galerie. Les touffes frisées en longues bandes sont pressées par le haut par un petit peigne ; une branche de fleurs attachée sur ledit peigne de gauche accompagne le visage, tout en suivant le mouvement de chou, ce qui donne à la coiffure de la grâce et du *laisser-aller*.

N. 5. Sur le peigne N.

Un peigne à un seul rouleau, garni de trois piques, sert à la construction de cette coiffure, qui consiste à couvrir le rouleau avec une mèche lisse, et à poser sur les piques une corde à puits, sur laquelle on plante cinq ou sept épingles à l'italienne. Après avoir formé ses touffes, qu'on descend jusqu'au bas de la tempe, où une petite mèche les entoure et les tient fixées, on pose la plume d'autruche, à l'aide d'une épingle, sur le derrière de la tête. Cette plume, qui retombe sur le cou, accompagne agréablement la frisure.

N. 6.

Les cheveux noués, on divise la masse en trois parties, avec le second doigt de la main droite, et en travers. Avec la mèche de devant on forme une *coque-coquille* ainsi qu'il suit : placé derrière la dame, on crêpe ladite mèche dans toute sa longueur ; puis on la roule en avant, à partir de la pointe jusqu'auprès de la tête, où une épingle la tient fixée. Cela fait, on met les deux mains dans la coque pour l'ouvrir, la lisser, et lui faire former le coquillage. La seconde coque se fait de la même manière, mais celle-ci est fixée sur le cordon à l'aide d'une épingle double qui l'enfourche et l'y tient serrée. La troisième coquille se fait comme la première.

N. 7.

Le peigne A, monté à quatre rouleaux, est la base de cette coiffure en lisse, que je recommande aux jeunes femmes ayant le cou un peu long, vu les repentirs qui se déroulent le long des épaules.

N. 8.

Ici les cheveux sont tordus et retenus par une fourchette d'écaille à cinq dents ; la chevelure est divisée en deux parties : avec la première, celle de droite, on élève une coque double sur le milieu de la tête ; le restant de la mèche sert à faire celle d'à côté. De la deuxième partie on forme deux autres coques, se dirigeant à gauche, ce qui donne une guirlande de cheveux qui balance agréablement la palme de fleurs posée sur le côté droit de la tête.

N. 9.

Dans cette coiffure les cheveux sont noués et séparés en deux parties; avec la mèche d'en haut on forme une coque à l'instar de celles du n° 6. Le chignon flottant, lequel doit être crêpé et plié en dessus, se fait avec la seconde partie.

N. 10.

Le peigne L forme une *spirale* à trois branches et est employé dans cette coiffure nouvelle, faite sans le secours d'aucune épingle.

Exécution. On noue les cheveux, puis on pose le peigne; la moitié des cheveux ressort en avant à travers les branches du peigne. Ces cheveux, faiblement tordus, forment un rouleau qui se pose sur les piques de la première branche. La seconde partie des cheveux, réunie sur le côté aux pointes de la première, donne un beau rouleau, qui garnit la branche du milieu et celle d'en bas. Cette coiffure, légère, convient à une jeune personne; elle comporte les cheveux tournés en casque, et des rouleaux ouatés, surtout lorsque la chevelure est mince.

N. 11.

Pour obtenir une coiffure semblable, il faut nouer les cheveux très-bas et employer un peigne, comme ci-dessus, mais avec cette différence que les cercles sont plus larges et ne penchent pas de côté. Je ferai observer qu'ici le rouleau, qui pose sur la tête et qui est fait avec les pointes des cheveux, n'est pas retenu par une pique, mais bien par une épingle qui se perd sous le chou.

DOCUMENTS

POUR SERVIR A L'HISTOIRE

DES PERRUQUES.

I.

Extrait des Statuts synodaux du cardinal le Camus, évêque de Grenoble.
Article 2, de l'*Habit et Tonsure cléricale*, n. 7.

L'affectation qu'ont eue les ecclésiastiques de porter des *perruques avec de fausses couronnes*, fait assez connaître la honte qu'ils ont de paraître ce qu'ils sont, et de porter des marques de leur profession. Mais comme, pour autoriser cette licence, ils prennent ordinairement prétexte de leur incommodité, pour aller audevant de cet abus (sans préjudicier aux véritables besoins qu'on pourrait avoir), nous défendons, à peine de suspension *ipso facto*, à tous ecclésiastiques bénéficiers, ou constitués dans les ordres sacrés, de porter la *perruque*, sauf à ceux qui, à raison de leur maladie ou de quelque incommodité, en auraient besoin, de nous apporter un certificat raisonné du médecin, faisant foi de la nécessité qu'ils en ont; auquel cas nous ne leur donnerons la permission de porter la *perruque* qu'à condition qu'elle ne passera pas les oreilles, qu'elle ne sera ni *poudrée*, ni *enflée*, ni *frisée annelée*, et qu'enfin il n'y aura rien qui ressente l'air mondain et efféminé, et qu'ils auront toujours la tonsure, conformément à leur ordre et au degré qu'ils ont dans l'église; et en ce cas ils seront obligés de la quitter aussitôt que la nécessité qui nous a porté à les dispenser cessera; à faute de quoi ils encourront la suspense portée par notre ordonnance, comme si jamais ils n'en avaient obtenu aucune dispense...

II.

Dispense accordée à un membre de l'Académie française, par un cardinal à latere, *pour porter une* Perruque.

Louis, cardinal diacre, du titre de Sainte-Marie *in Portica*, *à latere* de notre très-saint père le pape Clément IX, et du saint-siége, vers Louis XIV, roi de France et de Navarre, et dans l'étendue de ses états, nous, ayant égard à la très-humble supplication qui nous a été faite de la part de notre très-cher fils, Jean Debales Deros, conseiller et aumônier du roi, de lui accorder la permission de dire et célébrer la sainte messe avec une *perruque* fort modeste, et comme on les fait à présent avec une tonsure et couronne, en considération de sa vertu, piété, mérite, et de son âge et infirmité, lui accordons ladite grâce; et pour cet effet nous enjoignons à tous supérieurs et autres à qui il appartiendra, de le recevoir quand sa dévotion le requerra pour célébrer la messe, en vertu de sainte obédience, et par le pouvoir que nous tenons de la pure grâce du saint-siége et de notre saint-père.

Donné à Paris, le 28 mai 1668. Ainsi signé, *le cardinal de Vendôme*; et plus bas, *Debonfils*, auditeur et secrétaire de la légation; et scellé.

III.

Réglement fait par l'archevêque de Rheims sur les Perruques *des chanoines de Soissons.*

M. le prévôt ayant fait rapport au chapitre du réglement que monseigneur l'archevêque de Rheims a fait touchant le port de la perruque, en conséquence du traité fait entre ledit chapitre et maître Nicolas Rousseau, chanoine de céans, en date du... a dit que mondit seigneur a été d'avis que quand un chanoine sera obligé de porter la *perruque* pour ses incommodités ou autres causes connues du chapitre, il se dispensera de faire la semaine au chœur et de dire la messe au grand-autel, mais sera obligé de commettre quelqu'un à sa place pour faire lesdits offices, ainsi que fera ledit Rousseau. Messieurs ont ordonné qu'à l'avenir le réglement sera observé et exécuté; et ont prié M. le prévôt d'en remercier mondit seigneur archevêque.

(Extr. des reg. capitul. de l'église de Soisssons, du lundi 14 août 1679.)

IV.

Supplique souscrite par trois médecins, et présentée à l'archevêque d'Aix, par un vicaire de Lambesc, pour obtenir la permission de porter une Perruque.

Très-pieuse personne, maître Blanc, bachelier en théologie et vicaire fort vigilant en la ville de Lambesc, sujet aux maux de dents, au rhumatisme et à l'oppression, ayant non-seulement toute la place de la couronne dépourvue de cheveux, mais en manquant dans diverses autres parties de la tête; étant d'ailleurs affligé de plusieurs autres incommodités, surtout dans les temps nébuleux et lorsqu'il fait de grands vents; pour toutes lesquelles choses la nature morte et éteinte ne pouvant reproduire de cheveux, il prie avec instance et très-humblement la sainte mère Eglise, à laquelle il appartient d'accorder de pareilles grâces, de lui permettre de se servir d'une perruque, surtout pendant qu'il récite l'office divin et administre les sacrements. En foi de quoi nous, docteurs en médecine, avons souscrit les présentes. A Lambesc, l'an de notre Seigneur 1684, le premier jour de décembre. Signé *J. L. Bonnet*, D. M.; *de Cortilhou*, D. M.; *J. Meyslorier*, Méd.

MANIÈRE

DE RELEVER LES CHEVEUX

SELON LA CONFORMATION DE LA TÊTE.

3e LEÇON DE L'ART DE COIFFER.

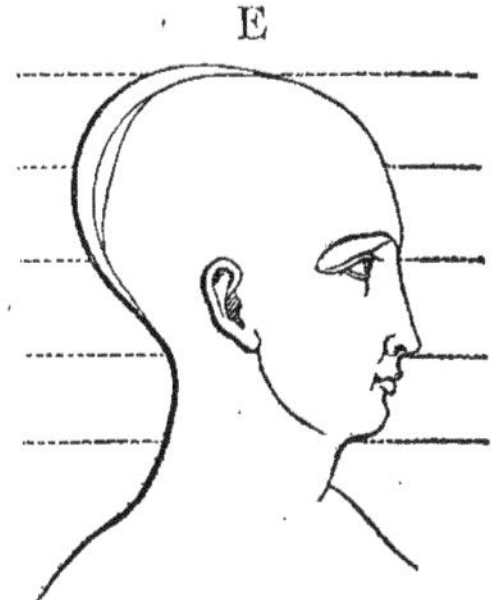

Pendant qu'un coiffeur met les cheveux d'une femme en papillotes et les passe au fer, il s'écoule assez de temps pour qu'il puisse examiner la conformation de la tête ; ce coup d'œil, donné sans qu'on s'en aperçoive, fixe un artiste à l'égard de la place que doit occuper le casque (ou tournant des cheveux), ainsi que le lien qui les attache dans certaines coiffures (1).

Si la tête d'une personne, qu'on est appelé à embellir, est d'une conformation régulière, la chevelure peut être relevée de toutes les manières : tout paraît bien lorsque les proportions sont belles. Mais si la tête est aplatie vers le milieu des pariétaux (sommet de la tête vis-à-vis l'oreille), les cheveux ne pourront être noués sur l'occiput (fossette) : une tête aplatie porterait mal un chou à la Sévigné ou bien une coiffure grecque ; à celle-ci il faut une coiffure qui avance sur le crâne, afin de dissimuler un défaut qui, lorsqu'il est apparent, ôte à la tête toute son élégance, et donne à la femme un air de stupidité.

Une femme qui a la tête allongée par derrière, a besoin d'une coiffure très-basse, ou bien sur le sommet de la tête, en avançant vers la bosse frontale. La coiffure basse corrige le trop de longueur en le perdant sous la masse ; et la coiffure sur le devant de la tête diminue le défaut, par la raison que le casque et la coiffure grossissent le haut du crâne sans rien ajouter à la partie difforme : voilà pour les effets de la coiffure haute ou basse, pour les têtes de différentes conformations.

Mais si une femme a la tête aplatie et le col allongé, et qu'il faille la coiffer bien bas, comment concilier les règles de l'art avec la nécessité de cacher ces défauts? Dans ce cas, rien n'est plus facile : on établit un petit coussin plat avec de la ouate, on ouvre les cheveux en travers sur le devant de la partie creuse ; on noue la la-masse des cheveux sans y comprendre ceux qui doivent recouvrir le coussin. Quelques épingles à la neige fixent le coussinet dans la cavité, et les cheveux retirés précédemment couvrent la ouate en allant rejoindre les autres, sur lesquels un lacet les réunit.

(1) Pour attacher les cheveux on se sert de lacets de soie, de crêpe en bande ; ou bien, ce qui est préférable à tout, d'une peau d'anguille.

DESCRIPTION DES COIFFURES.

Avant d'entrer en matière, nous devons dire un mot à MM. nos souscripteurs qui sont dans l'intention de faire brocher le premier volume de l'ouvrage que cette livraison vient compléter.

Pour éviter toute maculation sur le papier vélin, et faire en sorte que les petites figures soient ménagées, on doit faire mettre sur chaque planche une feuille de papier Joseph; et pour ménager le titre, la couverture étant mince, on devra faire mettre une garde en blanc. Dans le cas où quelques gravures seraient tachées, on parviendrait à les remettre dans un état passable en les frottant avec de la pierre-ponce pulvérisée, qu'on emploira avec un petit tampon de papier de soie. Pour que la brochure soit plus facile à l'avenir, chaque gravure portera le numéro de la pagination.

N. 1.—COIFFURE DE M. OLIVIER.

Toute femme, jeune, ayant le visage rond, sera bien avec cette coiffure, où les racines s'élèvent à la chinoise, et où les bandeaux décrivent une courbe développant le front. Les coques flottantes qu'on voit s'avancer jusqu'à l'os de la pommette rétrécissent le visage et lui donnent un ovale agréable à l'œil.

Exécution. Séparer d'un coup de peigne les cheveux destinés à former les bandeaux avec ceux de derrière; former un rouleau par derrière, soit sur le peigne E, soit sur un bourrelet ouaté, ou bien avec une forte masse de cheveux que l'on entoure de perles. Avec une petite mèche qu'on s'est ménagée et que l'on entoure aussi de perles, après l'avoir crépée et lissée dans toute sa longueur, former une coque qu'on plie en dessous pour avoir un chignon détaché : voilà la coiffure de derrière. Pour les bandeaux, après avoir peigné les cheveux d'un côté en les rabattant, on fait poser à plat les deux mains de la personne sur la tête, l'une sur le front et l'autre sur la tempe, afin de pouvoir créper ladite mèche et l'entourer de perles sans que le bandeau puisse se déranger. Cela fait, on remonte les pointes des cheveux en passant derrière l'oreille, pour les cacher sous les fleurs ou bien les aller tourner au pied du chou.

N. 2. — COIFFURE DE M. SERANE, de Montpellier.

Dans ce turban coupé, les cheveux sont attachés, et un peigne L sert de base aux trois masses de chiffons qui balancent le diadème de gaze posé sur le devant.

Pour l'exécuter, il faut deux morceaux de chiffon, un pour couvrir le peigne, et un pour le devant du front : le premier, celui de derrière, doit partir de l'intérieur du peigne et ressortir en avant, pour former une torsade longue et mince qu'on entoure d'une mèche des longs cheveux, pour ensuite la poser en formant la spirale sur les trois bandes du peigne. Si les cheveux manquent de longueur pour garnir la torsade en son entier, à chaque tour qu'on fait sur le peigne on emploie une mèche de cheveux, afin de couper le chiffon par sept ou huit lames de cheveux lisses; pour former le diadème de gaze, trois quarts de gaze sont suffisants. On fixe d'abord un des coins à la gauche du chou; un ruban de trois quarts tient après la gaze; une autre personne tient le ruban tendu; on y tourne la gaze dessus en formant des plis allongés; puis, tenant le ruban tendu, on repousse la gaze sur elle-même, et il se forme un rouleau bouillonné qu'on pose au-dessus de la tête, le plus épais sur le devant. Une épingle de chaque côté, prenant la gaze et la crépure des cheveux, suffit pour rendre le turban immobile.

Coiffeurs de tous les Pays.

1.50

1. Coiffure par M. Olivier, r. du f.g S.t Honoré 125

2.... id par Seranne, Professeur de Coiffure à Montpellier.

3.... id par Croisat. . . . .

4.... id par le même, sur un Peigne Diaphane

5.... id par Fargo Andrieu de S.t Petersbourg.
sur un peigne Diaphane à un rouleau . . . . .

6.. Coiffure par Olivier de Moscou, sur un Peigne Diaphane à la Duchesse. . . . .

7.. Coiffure par Croisat. . . . .

8.... id par Guillaume Professeur de Coiffure. . .
Boul.t des Italiens, 22. . . . .

N. 3. — TURBAN PAR **CROISAT.**

Une écharpe lamée et une aune et demie de gaze petite largeur, composent cette coiffure, qu'on exécutera de la manière suivante :

Un bout de l'écharpe, plissé et fixé sur la tempe droite, accompagne la joue ; la gaze blanche enveloppe un chou de nattes et représente une calotte de turban monté ; avec l'écharpe on forme un bouillon près de l'effilé ; le corps de l'écharpe se dirige vers le milieu de la tête. La gaze blanche, en rabattant en avant, forme un bouillon à côté de celui fait précédemment ; la masse de l'étoffe se dirige à gauche. L'écharpe vient former un autre bouillon rabattu en avant et enveloppant la gaze blanche vis-à-vis la ligne du nez. La gaze blanche, sortant du centre du bouillon bleu, forme une quatrième bouffante ; et le turban se continuera en faisant alternativement un bouillon bleu et un blanc. Après quoi l'on donne le coup de la grâce, chose on ne peut plus facile, l'étoffe ayant de la souplesse et de la légèreté.

N. 4. = COIFFURE PAR LE MÊME.

Un peigne I, à trois cercles, soutient les trois rouleaux de cheveux embellis de perles ; une rose est suspendue au rouleau d'en bas ; les cheveux des tempes, de vingt pouces de longueur environ, sont nattés et forment double étage, au moyen d'un petit peigne à longues dents qui sert à tenir les deux masses et à rentrer les pointes des cheveux. Cette coiffure, par la position du chou et la pose de la couronne, s'adresse à une figure longue.

N. 5. — COIFFURE DE **M. FARGÉ-ANDRIEUX,** de Saint-Pétersbourg.

Rien n'est plus facile que d'obtenir cette coiffure : les cheveux sont noués, le peigne N sert de base ; et, après avoir enveloppé le rouleau diaphane d'une mèche lisse, une torsade posée sur les trois piques vient donner de l'ampleur au chou dans le milieu duquel passe l'écharpe.

On remarquera que cette nouvelle pose d'écharpe fournit des plis et des bouillons en arrière et sur le côté gauche, tandis qu'à la droite s'élèvent des plis libres, et une branche de fleurs d'oranger fixée sur le rouleau, chose qui ne manque pas d'une certaine grâce et ménage beaucoup la dentelle, attendu qu'il ne faut tout au plus que deux épingles, la fleur de gauche étant attachée sur un petit peigne à touffes.

N. 6. — Par **M. OLIVIER,** Coiffeur à Moscou.

Après avoir lié les cheveux, on en fait une torsade s'ils ont plus de vingt-deux pouces ; on en fait deux cordes s'ils n'ont qu'une *fausse-longueur*. Le peigne F, à deux cercles, est posé les dents passant sous le cordon ; les torsades couvrent les deux cercles, et une mèche lisse entoure le pied du chou : telle est la première opération de ce travail. Vient ensuite la pose du voile et du *chapeau*. Le chapeau, ajusté sur une épingle double de 3 pouces, est planté dans le lien des cheveux ; l'écharpe, prise par le milieu, est doublée à cet endroit, et une épingle bien douce resserre les plis de manière à former des ondulations. Cela fait, on introduit les flots de broderie entre les deux torsades, et l'épingle qui les tient en l'air est plantée dans le cordon. On termine par des touffes flottantes ornées de branches de fleurs légères, et par un jeté d'écharpe qui, enveloppé par le bout de l'une des torsades, embellit le côté droit de la coiffure et accompagne la touffe.

N. 7. — COIFFURE composée par **M. CROISAT.**

Voir l'article *l'Ancien Régime.*

N. 8. — COIFFURE dessinée par **M. GUILLAUME.**

Cette coiffure est celle d'une dame de la cour de l'empereur du Japon ; elle a été recueillie par le capitaine Dumont Durville, dans son *Voyage autour du monde.*

L'Ancien Régime.

C'était les beaux jours de la coiffure, que l'ancien régime : alors nobles, bourgeois, ouvriers, tout se faisait coiffer et accommoder ; et puis, quelle consommation de fournitures ne se faisait-il pas ? Quand ce ne serait que par reconnaissance pour les avantages pécuniaires que cette mode procura à nos pères, elle mériterait d'être célébrée dans cet ouvrage... Mais il est un motif plus grand qui me fait consacrer quelques lignes à ce genre de coiffure vraiment tout particulier : c'est l'espoir d'être utile à ceux des souscripteurs qui sont trop jeunes pour avoir vu les têtes frimatées, ou à d'autres qui n'ont pu ainsi que moi se livrer à la recherche des coiffures historiques.

Pour exécuter une coiffure poudrée comme celle n. 7, les anciens auraient séparé les cheveux de devant d'avec ceux de derrière, en décrivant une raie en cœur prenant d'une oreille à l'autre et ne descendant qu'à deux pouces du front. Ils auraient taillé les cheveux avec de petits ciseaux, ainsi que je l'ai dit dans la 2e Leçon, et ils auraient eu le soin de commencer l'effilage à trois lignes des racines, afin que le crépé touchât la tête, chose qui donne de la consistance au *tapé*, et que je recommande de faire, d'autant que c'est le seul moyen pour obtenir un léger vermicelle. Ils auraient, après avoir préparé le tapé, posé un coussin de crin (la toque) dans la partie creuse des frisures (ce coussin, ayant la forme d'un triangle, était posé sur la pointe de la raie, où il était retenu par des épingles, pour servir à la pose des ornements); ensuite, après avoir effilé l'intérieur du chignon et donné quelques coups de peigne pour le rendre ferme et l'empêcher de se séparer, ils l'auraient retroussé pour le retenir avec un peigne en or ou en écaille, sans qu'il eût été nécessaire de nouer les cheveux. Je ne parle pas de la manière dont ils auraient mis la poudre et la pommade, parce que je vais indiquer cela plus loin.

La manière dont j'ai exécuté cette coiffure diffère de celle des anciens en deux points : je n'ai pas mis de coussinet, et j'ai noué les cheveux sur l'occiput.

Construction. J'ai d'abord mis une bonne couche de pommade aux grands cheveux, et appliqué un fort lit de poudre à la houppe de cygne ; j'ai aussi bien garni l'intérieur des grands cheveux, puis je les ai crépés dans toute leur longueur, pour former le chignon en remontant et la coque-coquille qui est faite avec les pointes du chignon ; la rose et la plume d'autruche sont attachées au pied du lien des cheveux (cela dégage mieux la tête que si ces ornements étaient fixés sur une *toque*, qui obstruait toujours le sommet du tapé). Du reste, j'ai fait le crépé à la manière ancienne, c'est-à-dire qu'après avoir mis un fond de poudre et de pommade, j'ai crépé les cheveux à rebrousse poil, tenant les mèches entre le second et le troisième doigt de la main gauche, le pouce appuyé sur l'index, et commençant mon tapé ferme à partir de la tête, où plusieurs coups de peigne donnés avec vivacité ont repoussé les pointes sur le cuir chevelu, et fait sentir à la personne que sa coiffure tiendrait longtemps. Après cela, j'ai mis une seconde couche de poudre et de pommade ; j'ai surtout pressé les pointes des cheveux entre les deux mains enduites, pour que les frisures tiennent bien la poudre que j'y ai mise pour la troisième fois, cela, après avoir passé le bâton fixateur sur les petits cheveux qui bordent le front, et les avoir crépés sur les autres afin de bien dessiner les sept pointes dont on faisait autrefois un si grand cas ; ensuite j'ai poudré à la houppe de volée, à une distance de quatre ou cinq pieds de la personne ; j'ai posé les ornements après ce coup de houppe, et j'ai rectifié légèrement la coiffure avec une épingle noire. Un *œil de poudre* lancé au *soufflet* a blanchi les taches noires que j'avais pu faire en ornant la coiffure et en retouchant aux cheveux.

Une lame de couteau m'a servi pour ôter la poudre du front, et je recommande ce moyen comme étant le seul qui épargne les cheveux.

FIN DE LA PREMIÈRE ANNÉE.

TABLE DES MATIÈRES

DE LA PREMIÈRE ANNÉE.

Ire LIVRAISON.

IIe LIVRAISON.

IIIe LIVRAISON.

IVe LIVRAISON.

Ve LIVRAISON.

VIe LIVRAISON.

VIIe LIVRAISON.

VIIIe LIVRAISON.

XIXe LIVRAISON.

Xe LIVRAISON.

XIe LIVRAISON.

XIIe LIVRAISON.

FIN DE LA TABLE DE LA PREMIÈRE ANNÉE.

NOMS DES ARTISTES

QUI ONT FOURNI DES COIFFURES POUR PARAITRE DANS

LE 1er VOLUME DES CENT-UN.

PREMIÈRE LIVRAISON.

MICHEL, rue de l'Odéon, à Paris.
HYPPOLYTE, agrégé à l'académie de coiffure.
COUTHON, rue de la Harpe, à Paris.
REY, agrégé à l'académie de coiffure.
LEMOINE (de Caen), membre à l'académie de coiffure.
PERRIN, agrégé à l'académie de coiffure.
SEGUIN (d'Avignon), membre à l'académie de coiffure.
CROISAT.

DEUXIEME LIVRAISON.

ROUZIER jeune (de Nevers).
PUGET, membre de l'académie de coiffure.
EMERY, rue St.-Antoine, à Paris.
LAPORTE, rue de Rivoli, à Paris.
LEFEBRE, rue des Prouvaires, à Paris.
ROMAND, rue du Dragon, à Paris.
GHYS (Alexandre), membre de l'académie de coiffure.
OLIVIER, rue St-Anne, membre de l'académie de coiffure.
CROISAT.

TROISIÈME LIVRAISON.

OLIVIER, membre de l'académie de coiffure.
BAUDIN, membre de l'académie de coiffure.

QUATRIÈME LIVRAISON.

SIMON (de Blois).
CASENAVE, rue de Chartres, à Paris.
LARGEAU (Victor), à Niort.
PUGET, membre de l'académie de coiffure.
DARAGON, passage des Panorâmas, à Paris.
LARGEAU (Roméo), de Tours, membre de l'académie de coiffure.
PINÇON, membre de l'académie de coiffure.
CROISAT.

CINQUIÈME LIVRAISON.

SOUCHARD, rue Castiglione, à Paris.
CHALMIN, à Rouen.
CODEMUS, rue du Vieux-Colombier, à Paris.
MICHEL, membre de l'académie.
ALBIN, *idem.*
FOURNIER, rue du Petit-Lion-St.-Sauveur, à Paris.
LABAYE (de Versailles).
CROISAT.

SIXIÈME LIVRAISON.

DIOT, élève coiffeur.
FOURNET, *idem.*
DANTAN, membre de l'académie.
BAUDIN, *idem.*
FAUVEL (de Rouen).
CROISAT.

SEPTIÈME LIVRAISON.

PINÇON, membre de l'académie.
MICHEL, *idem.*
LARGEAU (Roméo), membre de l'académie, à Tours.
SALADIN, rue de la Harpe, à Paris.
FREDERIC (Stanislas), rue Vivienne, à Paris.
BULL (Henry), à Liége.

HUITIÈME LIVRAISON.

CARTIER, agrégé à l'académie.
PHYBLYKY (Charles), de Varsovie.
PIEDFORT (de Boulogne).
BULL (Henry), à Liége.
PINÇON, membre de l'académie.
CROISAT.

NEUVIÈME LIVRAISON.

DANTAN, membre de l'académie de coiffure.
OLIVIER, rue Ste.-Anne, à Paris.
PAUVERT (de Marseille).
BUSSE, membre de l'académie de coiffure.

DIXIÈME LIVRAISON.

TESTU (de Bordeaux).
BUSSE, membre de l'académie de coiffure.
GAUDEREAU, rue Neuve-St.-Eustache, à Paris.
CROISAT.

ONZIÈME LIVRAISON.

FARGE-ANDRIEU (de Saint-Pétersbourg).
ELIE, près les Gobelins, à Paris.
LEFEBRE, rue des Prouvaires, à Paris.
CROISAT

DOUZIÈME LIVRAISON.

GUILLAUME, membre de l'académie de coiffure.
SERANNE, professseur de coiffure à Montpellier.
OLIVIER, rue du Faubourg-St.-Honoré.
FARGE-ANDRIEU (de Saint-Pétersbourg).
OLIVIER (de Moscou).
CROISAT.

NOMS DES ÉCRIVAINS

QUI FIGURENT DANS LE PREMIER VOLUME :

VAUKLIN.
NORMANDIN.
LEFEBRE (l'ancien).
BULL (Henry).
TESTU.
SOUCHARD.
CROISAT, rédacteur en chef.

IMPRIMERIE DE FAIN,
rue Racine, 4.

www.ingramcontent.com/pod-product-compliance
Ingram Content Group UK Ltd.
Pitfield, Milton Keynes, MK11 3LW, UK
UKHW021203220726
13924UKWH00003B/1293

9 782019 224332